U0168765

中国环境与发展国际合作委员会（CCICED）

全球海洋治理与生态文明丛书

海洋生物资源和生物多样性保护与可持续利用

丛书主编　苏纪兰　［挪威］扬耿纳·温特

主　　编　刘　慧　［美］约翰·米密卡吉斯　孙　芳

海洋出版社

2022年·北京

图书在版编目（CIP）数据

海洋生物资源和生物多样性保护与可持续利用／刘慧，（美）约翰·米密卡吉斯，孙芳主编. -- 北京：海洋出版社，2022. 11

（全球海洋治理与生态文明）

ISBN 978-7-5210-0815-9

I. ①海… II. ①刘… ②约… ③孙… III. ①海洋生物资源-资源保护-研究②海洋生物-生物多样性-研究 IV. ①P745②Q178. 53

中国版本图书馆 CIP 数据核字（2021）第 176232 号

海洋生物资源和生物多样性保护与可持续利用

HAIYANG SHENGWU ZIYUAN HE SHENGWU DUOYANGXING
BAOHU YU KECHIXU LIYONG

审图号：GS 京（2022）1263 号

责任编辑：苏　勤

责任印制：安　森

海洋出版社 出版发行

http：//www. oceanpress. com. cn

北京市海淀区大慧寺路 8 号　邮编：100081

鸿博昊天科技有限公司印刷　新华书店经销

2022 年 11 月第 1 版　2022 年 11 月北京第 1 次印刷

开本：787 mm×1092 mm　1/16　印张：13. 75

字数：218 千字　定价：98. 00 元

发行部：010-62100090　邮购部：010-62100072

总编室：010-62100034

《海洋生物资源和生物多样性保护与可持续利用》编写组成员

主　　编

刘　慧　中国水产科学研究院黄海水产研究所

MIMIKAKIS, John（约翰·米密卡吉斯）
　　　美国环保协会

孙　芳　美国环保协会

编写组成员

KRITZER, Jacob　美国环保协会

曹　玲　上海交通大学、斯坦福大学

韩　杨　国务院发展研究中心

苏纪兰　自然资源部第二海洋研究所

VIRDIN, John　杜克大学

YOUNG, Jeff（杨荣宗）　美国环保协会

WILLARD, Daniel　美国环保协会

BOENISH, Robert　美国环保协会

张朋艳　中国水产科学研究院黄海水产研究所

张慧勇　生态环境部对外合作与交流中心

刘　侃　生态环境部对外合作与交流中心

郝小然　生态环境部对外合作与交流中心

陈新颖　生态环境部对外合作与交流中心

赵海珊　生态环境部对外合作与交流中心

姚　颖　生态环境部对外合作与交流中心

费成博　生态环境部对外合作与交流中心

王　冉　生态环境部对外合作与交流中心

唐华清　生态环境部对外合作与交流中心

穆　泉　生态环境部对外合作与交流中心

高凌云　生态环境部对外合作与交流中心

谢园园　生态环境部对外合作与交流中心

王子涵　上海交通大学

程　朔　上海交通大学

曾　旭　上海交通大学

曾　聪　上海交通大学

序

海洋对人类至关重要。海洋具有多种生态服务功能，主要包括吸收二氧化碳和产氧、调节全球气候，并由此塑造和定义人类的生活环境，提供人类所依赖的资源。海洋对世界经济发展也至关重要，全球有 30 亿人直接依靠海洋为生。

但是，目前海洋及其生态系统服务功能所受到的威胁比以往任何时候都要严重。全球海洋的健康状态正受到大尺度环境压力的严重影响，包括全球变暖、大气二氧化碳持续升高而导致的海洋酸化加剧、微塑料污染以及自然资源过度开发等。

海洋生态系统既具有脆弱性和高度动态性，又在全球范围内相互连通。有必要管理和治理好海洋生态系统，以确保海洋的健康和可持续性，以支撑现在和将来的繁荣社会。

为应对海洋给人类带来的挑战和机遇，中国环境与发展国际合作委员会（CCICED）于 2017 年启动了一项关于"全球海洋治理与生态文明——建设可持续的中国海洋经济"的专题政策研究。项目目标是确定中国应该优先关注的海洋和沿海议题，刻画国内外正在进行的相关海洋计划和任务，并对中国如何在这些事务中做出贡献以及在其中发挥领导力提出建议。

海洋专题政策研究项目筛选了与海洋相关的主题开展专门研究，并邀请数十位国内外专家参与了本项目的工作。

考虑到海洋作为社会、人类和全球未来发展的基础所发挥的关键作用，人类广泛认识到需要对海洋开发活动进行更多和更好的治理。在全球范围内，基于生态系统的海洋综合管理被视为确保海洋与海岸带保护和可持续利用的合理途径。综合管理的基础是对生态系统的充分认知和承认不同系统的特殊性。为此，本项目探讨了中国如何发展和建立基于生态系统的海洋综合管理体系，并在该领域发挥国际带头作用。

海洋生物资源和生物多样性是本项目的研究主题之一。到2050年，人类在保护生物多样性和生命赖以存活的自然系统的同时，需要养活90亿人口——这是当今世界面临的最大挑战之一。作为世界上最大的水产品生产国，中国在应对这一挑战方面具有重大益处。中国如能妥善解决这些问题，就可以为中国带来巨大的直接利益，能够确保在本国海域中持续生产大量的高价值海产品；同时，这也为中国提供巨大的机遇，向缺乏可持续开发其海洋生物资源能力的发展中国家展现区域和全球领先地位。

中国有巨大的机会推进海洋污染治理。为满足人口不断增长和经济不断发展所催生的粮食、衣着和住房需求，中国需要不断扩大工农业生产。像大多数沿海国家一样，这些活动严重损害了中国部分地区的海洋和海岸带生态环境。污染控制是中国政府必须打赢的攻坚战之一。中国应积极鼓励清洁生产和减少废水和废气排放的创新技术，以跟上工业快速增长的步伐。

本专题政策研究也聚焦于绿色海洋运营的问题。中国的贸易遍及全球各地，海洋运营已成为中国社会经济增长的重要基础。随着人们对海洋生态系统的动态性和脆弱性日益理解和认知，国内外对绿色海洋运营的标准都提出了更高要求。尽管陆源污染是海洋环境恶化的重要原因，但中国的海洋运营（包括海上运输、港口和船舶基础设施、油气勘探和渔业）也需要承担起其生态文明建设和污染防治的应有责任。

实现必要的可再生能源转型，不仅可以缓解气候变化，而且可以刺激经济，改善人类福祉并促进全球就业。可再生能源是海事行业的新兴领域，也是一个特别令人感兴趣的话题。作为世界上最大的能源消费国，中国提出了更高的绿色电力消耗目标，并加紧发展可再生能源，包括海洋可再生能源（Ocean renewable energy，ORE）。由于缺乏基础环境数据和多样化的开发技术，了解和评估 ORE 设备安装、运营和退役对环境的影响都具有极大挑战性。ORE 技术为中国发展新兴产业、创造就业以及在全球市场发挥其竞争力提供了机会。

由于发现其在深海海底有巨大的储量，海洋矿产资源开发可能对世界经济发展以及矿产资源的战略储备都具有重要意义。中国企业有充足的机会参与深海矿产资源价值链的各个层面，包括研究、勘探、开采、设备制造、技术设计和选矿，并促进深海开采作为循环经济的一部分。在运营商和利益攸关主体的合作当中，需要注重降低环境风险以及共享数据和经验，以确保行业采取最佳的环境实践和进行持续改进。

六个课题组均在各自的报告中介绍了其研究成果和政策建议。海洋专题研究项目组综合这些成果和政策建议而形成项目组的报告——《全球海洋治理与生态文明——建设可持续的中国海洋经济》。感兴趣的读者可以通过以下链接阅读或下载：（http：//www.cciced.net/zcyj/yjbg/zcyjbg/2020/202008/P020200916727021019353.pdf）。

为分享给更多的读者，项目组决定出版这套"全球海洋治理与生态文明"丛书。本套丛书共五册，分别以海洋生物资源和生物多样性、海洋污染、绿色海洋运营、可再生能源系统、海洋矿产资源开发等研究组的报告为基础。希望与在校学生、科研人员、管理部门、企业员工和感兴趣的公众分享我们所收集的资料，也希望这套丛书所呈现的分析和智慧能对大家有所裨益。

苏纪兰①

扬耿纳·温特②

2021 年 3 月

---

① 中国环境与发展国际合作委员会（CCICED）"全球海洋治理与生态文明"专题政策研究项目中方组长，自然资源部第二海洋研究所名誉所长，中国科学院院士。

② 中国环境与发展国际合作委员会（CCICED）"全球海洋治理与生态文明"专题政策研究项目外方组长，国合会委员，挪威海洋与极地中心主任，挪威极地研究所科研主任。

前　言

世界沿海国家面临的最大挑战之一，是在保护生物多样性和生命赖以生存的自然海洋生态系统的同时，维持人类粮食安全和海洋经济发展。中国作为全球最大的水产品生产国，如何顺利应对和化解这一挑战，意义重大。

中国的海洋渔业在满足国内外优质水产食品供应、促进农村经济繁荣和增加渔民收入、优化国民膳食结构及保障粮食安全等方面做出了重要贡献。但是，中国所面临的海洋生物资源与生态系统治理方面的挑战，也是前所未有的，包括大规模的生境退化、多数渔业资源的衰退、海水养殖空间的局限及养殖业对环境的影响等各种严峻挑战，都在显著地威胁着中国海洋生物资源的持续产出能力。

中国政府和学术界均已认识到这些问题，并采取措施来积极应对和解决这些问题，包括旨在恢复海洋生物资源和栖息地而进行的增殖放流和生态修复；应对过度捕捞所采取的伏季休渔、渔船数量和功率"双控"措施以及正在开展的海洋渔业资源限额捕捞试点；针对海水养殖所开展的分区管理和加强尾水治理等工作；为了落实和改进上述管理措施而广泛开展的科学与技术研究等。但是，从实际效果来看，中国的海洋生物资源治理及其相关科技研发还远远不够。由于人口规模庞大、海岸线漫长以及海洋经济的持续发展，中国的海洋生态文明建设之路充满曲折与艰辛。

尽管如此，中国仍然在以强大的政治意愿来平稳推进海洋生物资源管理。本书是在中国环境与发展国际合作委员会（CCICED）"全球海洋治理与生态文明"专题政策研究项目支持下进行的有关研究工作的系统总结。本书深入探究中国在开发与管理海洋生物资源、建设海洋生态文明方面的经验与教训，系统考察其相关的治理能力、手段、困难与愿景。同时，本书以全球视野对海洋生物资源的现状、现行管理体系、面临的挑战和需求进行了全面分析；鉴于气候变化的威胁不断增加，其中用了一章的篇幅专门论述气候变化对海洋生物的影响。本书还对重要的国际典型案例聚焦研究。最后我们提出一系列针对性建议，为中国改进海洋生物资源治理和推进海洋生态文明建设提供参考。

全书共分绪论及两个正文部分。绪论为专著研究背景，从重要生命支持系统的角度介绍了中国和世界海洋生物资源、生物多样性的价值以及中国和全球海洋生物资源开发利用的现状。绪论之后分为两个部分，为本书主体内容：第一部分包括第1章到第4章，为中国海洋生物资源管理的现状、趋势和挑战；第二部分包括第5章到第7章，为海洋生物资源管理发展趋势、目标与对策建议。

第1章介绍中国的海水养殖业及其管理，突出强调了海水养殖业作为水产品主要来源，与捕捞渔业互为补充的重要意义，同时从社会经济和科学技术等方面论述了产业发展所面临的挑战。第2章介绍捕捞渔业，从产业规模和特点、发展历程和面临问题等方面展开论述，突出强调了中国渔业管理制度的不断改进与亟待解决的问题。第 3 章从栖息地和生物多样性保护的角度深入探讨了海洋生物资源管理现状及其面临的社会、经济和环境层面的挑战。第 4 章聚焦气候变化的影响，主要讨论气候变化对海洋生物资源的影响及应对气候变化的适应性措施。第 5 章回顾了中国海洋生物资源的管理政策和管理现状，重点介绍海洋生物资源管理的发展趋势和现有体制机制。第 6 章介绍了海洋生物资源管理的国际经验，所选择的案例将为中国应对相应的需求和机遇提供思路和启发。第 7 章总括全书内容与结论，从全球视野出发，将中国海洋生物资源面临的独特挑战和可能的解决方案联系起来，为中国管理海洋生物资源、实现生态文明的宏伟目标提出切实可行的政策建议。

本书由来自中国和美国科研院所以及非政府组织的 30 多位专家学者参与撰写。作者姓名均在书中相关各章进行了标注。

本书可供中国乃至世界各国从事海洋生物资源相关研究、管理或决策的专业技术人员和管理者参考。本书的结构和研究模式，尤其是提出的政策建议，也可以应用于其他主题领域或国家/地区，指导公共政策研究。本书也可作为高校教师和学生的参考资料。

还要特别感谢为本书提供支持的"中德环境伙伴关系"二期项目，该项目由德国国际合作机构（GIZ）代表德国联邦环境、自然保护与核安全部（BMU）实施。

刘　慧

2021 年 3 月 20 日

目　录

第一部分　中国海洋生物资源管理的现状、趋势和挑战

第二部分　发展趋势、目标与对策建议

摘　要

到 2050 年全球人口预计将超过 90 亿。如何为人类提供充足优质的食物，并同时保有生物多样性和生命所依赖的自然生态系统，是当今世界面临的最大挑战之一。在应对这一挑战上，全球海洋将起到关键作用；而中国作为全球最大的水产品生产国，将拥有巨大的优势和影响力。

海洋为众多的物种提供栖息地，提供我们呼吸所需的大部分氧气，并养育着数十亿依海为生的人口。尽管海洋拥有巨大的食物生产能力，但这种能力却不是无限的。根据现有数据估算，全球约 1/3 的海洋渔业已经被过度开发或面临崩溃，由于许多国家既没有能力对渔业资源进行评估，也未进行渔业管理，实际的数值很可能会更高。

目前，水产养殖业的产量几乎超过了捕捞渔业，不仅为全球提供了营养丰富的食物，也使海洋的食物生产潜力更加充分地发挥出来。然而，水产养殖也会产生负面影响：它可能会侵占或取代沿海和海洋的原生生态系统，需要大量投入野生鱼类作为饵料，也会引入外来物种和疾病，并造成环境污染。只有优化长期的食物生产，同时尽可能减少对生态系统的破坏，才能可持续地管理海洋生物资源。不过，虽然人类已有许多成功经验，而且一些新型的解决方案正不断被开发出来，但优化渔业生产、尽可能降低环境损害，可持续地管理海洋生物资源，远非易事。

与此同时，气候变化可能会加剧持续保障人类粮食安全的挑战。海洋变暖和酸化正在改变许多海洋物种的生产力，迫使某些海洋物种跨境迁徙，加剧国家之间的资源争夺。更加极端的风暴、天气形态的变化以及水和营养物质循环的破坏，导致沿海食物生产系统所面临的压力越来越大。迄今为止，很少有国家找到大规模有效应对这些变化的方法。

中国在海洋生物资源管理方面面临着与其他国家相似的挑战。但是，中国庞大的经济规模使其面临的形势更加严峻。过去40年来，中国沿海地区经济的快速增长给沿海和海洋环境造成了巨大的压力。围填海、海水养殖和污染已经破坏了中国一半以上的滨海湿地，包括近60%的红树林，80%的珊瑚礁以及大部分的海草床、盐沼和滩涂。这些滨海湿地生态系统曾为各种各样的海洋生物提供了重要的栖息地。中国生产大量的捕捞和养殖海产品——是世界海产品产量最高的国家，但捕捞和开发速度已经超过了海洋生态容量，且海洋食物链的顶级捕食者几乎消失殆尽。此外，中国捕捞和水产养殖从业人数比任何其他国家都要多，使得这些行业的管理在社会层面上更具挑战性。

尽管面临重重困难，但中国在应对这些挑战方面已经开始取得重大进展。国家主席习近平致力于推进生态文明建设，实现经济和环境目标的均衡发展(生态文明建设首次载入宪法)。中国政府采取了一系列果敢而扎实的举措，包括加强全国性的海洋伏季休渔制度，保护栖息地和建立海洋保护区，制定更严格的海上污染物排放标准，取缔非法海水养殖活动，设定海水养殖总面积上限等。

但是，为了恢复健康的沿海和海洋生态系统，确保其可持续地提供食物和创造经济效益，中国必须付出更多的努力。为了加强生态文明建设，中国必须加强对海洋生物资源的法律保护，扩大监测范围，提升守法自觉性，恢复和保护更多的关键栖息地。此外，由于气候变化正影响着全球的海洋生物资源，且其中许多资源是多国共享的，特别是在亚洲地区，因此，中国自身的生态文明建设还需要依赖强有力的区域和全球治理，以确保海洋生物资源在更大时空尺度上得到可持续管理。

若能成功解决上述难题，中国就可以通过本国海域可持续地供应大量的高价值海产品，解决数以万计的渔民生计，创造出巨大的直接效益。这也将为中国展示区域和全球海洋治理领导能力创造机会。习近平主席提出的"21 世纪海上丝绸之路"倡议为中国推动全球海洋治理和推进联合国可持续发展目标（UN Sustainable Development Goals，SDGs）提供了历史性机遇。通过与丝绸之路沿线国家的合作，中国可以促进海洋生物多样性保护；提高女性渔民和小规模渔业社区的自主权，使他们获得平等开发海洋资源和解决生计的机会；同时为各国共同应对气候变化对海洋生物资源的影响提供平台。

本书是对中国环境与发展国际合作委员会（CCICED）全球海洋治理与生态文明专题政策研究之"海洋生物资源与生物多样性"成果的系统总结。全书深入探究中国在开发与管理海洋生物资源、建设海洋生态文明方面的经验与教训，系统分析其相关的治理能力、手段、困难与需求。同时，本书以全球视野对海洋生物资源的现状、现行管理体系、所面临的挑战和需求进行了全面分析。鉴于气候变化的威胁不断增加，本书设置专门章节论述气候变化对海洋生物的影响；参考重要的国际典型案例，提出一系列针对性建议，为中国改进海洋生物资源治理和推进海洋生态文明建设，提供参考。

本书特提出如下建议，旨在助力中国的海洋生态文明建设和生物资源养护。

（1）加强滨海和海洋生态系统的法律保护，促进可持续生产。

（2）研发和部署高科技监控系统，打击腐败和渔业违法行为。

（3）在生态系统框架下发展可持续的海水养殖业。

（4）不断改进技术，实现水产养殖提质增效目标。

（5）恢复海洋生态系统功能，提高对全球变化的抵御能力。

（6）建立海上丝路国家伙伴网络，促进可持续海洋治理。

（7）落实 2030 可持续发展目标，实现渔业可持续发展。

（8）持续推进渔业领域的性别平等。

0 绪 论

如何在不破坏我们赖以生存的生态系统的前提下供养不断增长的人口，这不仅是中国面临的挑战，也是一个全球性挑战。考虑到中国庞大的海洋经济规模、海产品生产和消费能力以及渔业就业规模，可持续的全球海洋资源管理对于中国而言尤为重要。同样，中国在区域和全球范围内都具有巨大的影响力，在外交、技术和科学方面发挥着至关重要的作用。随着中国不断推进生态文明建设，中国既有机会也有必要与其他国家共同保护我们赖以生存的海洋。

0.1 海洋生物资源的价值

海洋生态系统蕴藏着丰富的生物多样性，为人们带来诸多惠益。自古以来，这些海洋生物资源在世界各地的神话、宗教、标志物和故事中都扮演着重要角色，丰富了许多地方的文化价值。世界各地的人们都喜欢通过潜水、观鸟、垂钓和其他形式的娱乐活动直接与海洋生物进行互动，这些活动支撑起了利润丰厚的旅游业。与此同时，海洋生物资源还提供重要的调节和支撑服务，例如，产生氧气、物质循环、水质净化、碳封存以及缓冲海浪和风暴潮。这些服务功能对于全球不断增长的海洋经济有着难以估量的巨大贡献，其估值可能高达数千亿美元(de Groot et al., 2012)，然而这些服务的价值并未获得充分认可。由于很多政策不能有效地保护海洋生物资源，导

本章主要作者：刘慧，KRITZER Jacob，孙芳。

致全球范围内的海洋生物多样性正在下降，生态系统服务及其提供的价值也正在丧失。这些损失反过来又将危害人类健康、粮食安全、人民福祉和生计，增加失业和加剧贫困等。

来自捕捞渔业和海水养殖的海产品是海洋生物资源提供的最重要和最广泛的生态系统服务。2018 年，全球渔业总产量达到历史新高的 $1.79×10^8$ t，其中 $1.56×10^8$ t 用于人类消费，人均鱼类消费量为 20.5 kg（FAO，2020）。对有些人来说，海产品仅仅意味着更加有趣和多样化的饮食，并且与海洋建立起更深层次的联系。对其他人来说，特别是在热带地区的许多发展中国家，海产品是粮食安全和营养的重要组成部分。事实上，全球 20% 的人口高度依赖海产品作为微量营养素的来源，因为仅需少量的微量营养素就可以满足重要的生理功能（Golden et al.，2016）。渔业和海水养殖不仅可以提供食物，还可以提供收入和生计，仅中国就有 1 828 万渔业人口（农业农村部渔业局，2020）。渔业和海水养殖不仅惠及这些依海为生的人，还惠及许多配套服务业，如渔具生产商、船舶生产商等，以及海产品供应链上的加工商、餐饮和其他企业，从而大大增加整个产业链的就业岗位和销售利润。

尽管这些数据令人鼓舞，但未来全球海产品供应的大部分增长将来自海水养殖。据《2017—2026 年农业展望》（OECD-FAO，2017）一书报道，预计到 2026 年，世界渔业产量将达到 $1.94×10^8$ t，其中包括 $1.02×10^8$ t 水产养殖产量。根据《世界渔业和水产养殖状况2020》（FAO，2020）提供的数据，到 2030 年，全球渔业总产量将增至 $2.04×10^8$ t（不包括藻类产量）（图 0.1），较 2018 年增长 15%，水产养殖的份额也将较目前的 46% 有所增长。这一增量约为过去 10 年增量的一半，折算成 2030 年人均鱼类消费量，预计为 21.5 kg。

从图 0.1 的趋势可以看到，全球水产养殖产量多年来一直在增加，有望逐渐接近甚至超过捕捞渔业的产量。不过，尽管全球海水养殖产量的增长潜力巨大（Gentry et al.，2017），但全球水产养殖业的年增长速度在过去40年间却不断下降，而且在未来一段时间内还可能继续降低（图0.2）（FAO，2020）。一个可能的原因是，水产养殖是一种资源依赖型产业，受到空间、饲料来源、能源和劳动力成本等许多因素的限制。另一方面，海水养殖也可能对海洋生态系统以及海洋生物资源产生的其他价值（包括捕捞渔业）构成相当大的威胁。包括不可持续地捕捞鳗鲡（*Anguilla japonica*）等野生鱼类的苗种，过度利用幼杂鱼（亦作下杂鱼、鲜杂鱼等）作为养殖鱼类的饵料（Cao et al.，2015），侵占野生水生物种的关键栖息地，造成环境污染并引发机会种暴发（Liu，Su，2017）等。例如，黄海北部沿海地区近年来屡次出现浒苔（*Ulva prolifera*）绿潮大规模暴发事件，对该地区的旅游业及其他文化产业造成威胁。虽然有多种因素促成了浒苔绿潮暴发事件，但其最重要的驱动因素是江苏沿海的紫菜养殖场为这些藻类生长提供了大量额外的附生空间，从而为其暴发生长创造了条件（Pang et al.，2010；Liu et al.，2013；Sun et al.，2018）。

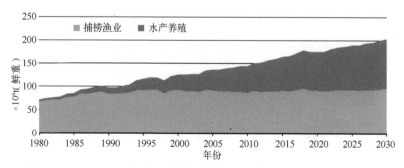

图0.1　1980—2018年世界捕捞渔业（橙色）和水产养殖（蓝色）产量及
2020—2030年产量预测（FAO，2020）

不过，海藻和双壳贝类等不投饵型养殖业也可以产生生态效益，包括水质净化和吸收营养盐以及通过养殖设施为仔稚鱼提供隐蔽物

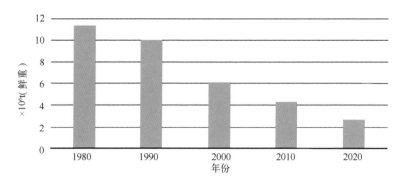

图 0.2　全球水产养殖业年增长率, 1980—2030 (FAO, 2020)

和栖息地等(刘慧等, 2017)。由于水产养殖业的发展主要是由经济利益驱动的, 因此贝藻类养殖的生态效益往往是水产养殖业的附加效益, 缺少规划或优化。在中国的大多数养殖水域, 养殖品种和模式都十分多样化, 往往会自然形成区域规模的多营养层次综合水产养殖(Integrated Multi-Trophic Aquaculture, IMTA), 其中既包括贝藻等不投饵型养殖品种, 也包括鱼类等投饵型养殖品种。这方面的实例不胜枚举, 包括近海网箱养殖与筏式养殖的有机结合, 海水池塘中鱼-贝类-海藻综合养殖以及淡水稻鱼综合种养等。但是, 无论何种模式、无论养殖什么品种, 一旦养殖密度过高, 特别是当养殖生物量超过环境承载力时, 任何类型的水产养殖都可能会影响环境完整性和生态系统健康。

0.2　中国的海洋生物资源

中国海岸线长达 18 000 km, 主张管辖海域约 300×10^4 km², 拥有辽阔的专属经济区(EEZ), 东西横跨约 32 个经度, 南北纵贯 44 个纬度。中国专属经济区从广西北部湾和南海的热带海域延伸至东海亚热带海域, 再到北部的黄海温带海域, 与渤海一同构成了三个大海洋生态系(large marine ecosystems，LMEs)。中国海洋优越的自然环境为海洋生物提供了极为有利的生存条件，形成了众多产卵场、育幼场、索饵场和越冬场，因而孕育了数万种海洋生物。根据1922—1992年之间的记录(黄宗国，2008)统计，中国海洋生物种数为22 561种；而根据最新统计，这一数据已修订为28 000多种，占世界已知海洋物种数的13%(黄宗国，林茂，2012)。这当中，已确定有经济价值的鱼类2 500多种、蟹类685种、虾类90种、头足类84种；其中，有记录的重要渔业资源生物就有300余种，捕捞产量较高、较为常见的经济物种有60~70种(唐启升，2012)。

中国的海岸带和近海自然资源丰富，因而也成为受人类活动扰动异常强烈的区域。过去一段时期，在全球气候变化、海平面上升、沿海城市化加速发展等背景下，陆源污染、海水入侵、海岸侵蚀等灾害的范围和强度都在不断增加(杨红生，2017；国家海洋局，2011—2018)；典型的近海和海岸带生境正在或已经遭受严重破坏，中华人民共和国成立以来，我国已丧失50%以上的滨海湿地，海岸带生物多样性与生态系统健康遭受巨大压力，生态服务功能不断降低；我国近海渔业资源正趋于枯竭和小型化，海岸带生物资源的分布格局发生显著改变。尽管我国海洋生物资源禀赋优异，但随着中国海洋渔业资源开发能力的增强，中国海洋渔业捕捞总量在过去数十年中曾经逐年增加，在海洋渔业资源繁殖、再生能力有限的情况下，中国近海呈现出过度捕捞、渔业资源衰退、沿岸生态环境恶化的趋势；主要渔业生物种群低龄化和小型化趋势明显，低值种类占比很高。

据专家估计，中国近海渔业资源可捕捞量为900×10^4 t左右(韩杨，2018)，而我国海洋渔业捕捞产量在1995年就已达到941×10^4 t，说明当时已经达到了对海洋生物资源开发利用的上限。然而1995年以后，我国近海捕捞仍在持续增长，并在 1999 年达到历史最高峰 $1\ 408\times10^4$ t，且至今一直维持在逾 $1\ 000\times10^4$ t 的高位。连续 25 年的过度开发利用，先是导致一些高价值的处于食物链顶层的渔业资源［如真鲷（*Pagrus major*）、牙鲆（*Paralichthys olivaceus*）、大黄鱼（*Larimichthys crocea*）］严重衰退，继而一些处于食物链中间层级的种类［如绿鳍马面鲀（*Thamnaconus modestus*）、太平洋鲱（*Clupea pallasii*）、小黄鱼（*Larimichthys polyactis*）］也被过度开发；同时，为了生产鱼粉，对于鳀等饵料鱼的捕捞压力也持续增加。从多年的渔业统计数据来看，1970 年排前三位的主要捕捞品种为带鱼（*Trichiurus lepturus*）、蓝圆鲹（*Decapterus maruadsi*）和大黄鱼，三者总产量占当年海洋捕捞量的 60%；而 2019 年排前三位的主要捕捞品种为带鱼、鳀（*Engraulis japonicus*）和梭子蟹（*Portunus trituberculatus*），三者总产量仅占当年海洋捕捞量的 20%，即便是排在前十位的捕捞品种总量之和，也不足当年捕捞总量的 46%（农业部渔业局，1971，2020）。可见，这种从选择性的到无选择性的过度捕捞，已经彻底改变了中国近海生物资源的种群结构。目前，绝大多数高品质的海洋渔业种类都已经充分利用或过度捕捞，有些优质种类甚至濒临灭绝。

过度捕捞降低了中国生产高价值海产品的能力，并使中国的生态系统更容易受到人类活动和气候变化的影响。与此同时，大规模的沿海开发和围填海给脆弱的海洋生物资源带来了更大的压力，并进一步削弱了其种群恢复和重建的能力。渔业增殖放流工作已在中国持续开展了大约 20 年。近年来，为了恢复重要的鱼类资源种群，中国每年投入增殖放流经费约 10 亿元，每年放流海淡水生物有 200 多种。"十二五"期间全国一共投入增殖放流资金近 50 亿元，放流水生生物苗种共计 1 600 多亿单位。尽管如此，中国近海渔业资源并未得到明显恢复。

然而继续扩大远洋渔业产量的可能性十分有限，并且远洋渔业也缺乏持续开发的必要投资（包括专业技术和融资等）。与此同时，中国对高价值海产品的需求正在增长，中国也越来越多地从国外进口海产品，特别是高价值产品（农业农村部，2018）。同样的，这些国外来源的海产品在其原产地也需要以可持续的方式来开发利用。为了满足日益富裕起来的中国消费者对高价值海产品不断增长的需求，中国必须恢复其沿海海洋生态系统，保证国内海产品的持续生产。同时，还要探索鼓励其他国家持续管理其资源的方法，帮助其建立和提高抵御气候变化的能力。所有这些措施，不仅可以保障中国海洋渔业发展和渔民的利益，还可以保护和培育与海产品生产相关的上下游产业。

包括开发利用海洋生物资源及海洋生态系统其他服务价值的海洋经济，已成为中国国民经济的重要组成部分。2019 年全国主要海洋产业增加值 35 724 亿元，比上年增长 7.5%，占国内生产总值的比重为 3.6%，占沿海地区生产总值的比重为 6.8%（自然资源部，2020）。以海洋生物资源为重要基础的海洋渔业在海洋经济总量当中排名第三，全年实现增加值 4 715 亿元，占主要海洋产业增加值的 13.2%。

渔业（包括捕捞和水产养殖业）及其相关产业对中国经济的贡献不容忽视。2019 年，中国渔业经济总产值 2.6 万亿元，其中渔业总产值 1.29 万亿元，相关的工业和建筑、流通和服务业产值约 1.3 万亿元。渔业总产值中占比较大的为淡水养殖（6 187 亿元），其次为海水养殖（3 575 亿元）和海洋捕捞业（2 116 亿元）；休闲渔业为 964 亿元，但已连续多年呈持续上升趋势。全国有水产品加工企业约 9 323 家，水产品年加工总量约 $2\,171 \times 10^4$ t，其中海水产品加工总量 $1\,776 \times 10^4$ t，所占比例较高（图 0.3）。

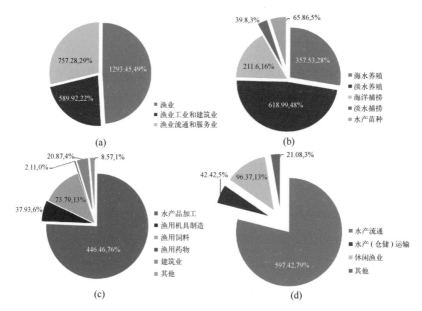

图 0.3 中国渔业经济结构（2019），其中，产值单位为亿元，比重为%

（农业部渔业局，2020）

（a）中国渔业经济主要成分产值及比重；（b）中国渔业总产值主要构成及比重；（c）中国渔业工业和建筑业总产值主要构成及比重；（d）中国渔业流通和服务业总产值主要构成及比重

0.3 海洋生物资源管理与海洋生物多样性之间的联系

　　海洋生物资源管理，包括保护海洋栖息地和生物多样性，是中国和全球大多数国家优先考虑的政策领域。但是，栖息地和生物多样性保护与包括野生捕捞和水产养殖业的海产品生产活动是相互影响的。健康的栖息地和高生物多样性有助于促进水产养殖和渔业生产，而海产品生产活动通常在一定程度上会以牺牲栖息地和生物多样性为代价（Willison，Côté，2009）。这确实意味着这些部门在某种程度上无法共存，但是全球各地都有促进渔业、水产养殖和生物多样性双赢的解决方案。事实上，在过去的 30 年间，生物多样性与渔业治理的长期融合可以说是海洋政策发展最重要的趋势，而且水产养殖管理也越来越多地融入其中。

0.3.1 捕捞对生物多样性的影响

无论是直接收获还是捕捞的副作用都会通过多种方式损害海洋生物多样性(Willison，Côté，2009)。尽管许多海洋物种有着广阔的地理分布范围、高产的生活史策略和广泛的扩散能力，因而它们很难衰退到生物灭绝的地步，但并非所有物种都是如此。海洋哺乳动物、海龟以及许多大型、长寿命和生长缓慢的鱼类和无脊椎动物并不具有这种高产和扩散能力。因此，这些物种已经出现或面临灭绝风险。但这些物种恰恰具有重要的生态功能，是海洋生物多样性特有的组成部分，所以它们的丧失会产生广泛的生态影响。

实际上，即使过度捕捞并没有导致某一物种的彻底灭绝，这些生物种群也可能会减少到生态灭绝的地步，即物种丰度过低会导致生态系统中某一物种的功能性灭绝。由于物种间的相互作用，某一物种的功能性灭绝可能对其他物种产生级联影响，导致有些物种受益、有些物种遭受损害。这可能意味着，以过度捕捞物种为食，或与捕捞物种存在积极共生关系的物种会进一步枯竭，而被捕食者、竞争者压制，与过度捕捞物种具有不利共生关系的其他物种的丰度可能会增加(Christensen，1996)。总体而言，即使生态系统中存在的物种总数没有发生实质性变化，过度捕捞也对生物多样性的重要指标群落组成产生影响。

通过选择性地捕获具有特定属性的个体可以从根本上改变捕获种群的结构，包括年龄、大小、性别比、空间分布和行为特征。当出现这种种群结构变化时，从丰度或生物量指标来看，某一种群看似是健康的，但其生产力和生态系统功能可能因种群特定组成的丧失而受到损害。尤其是，捕捞活动通常会选择性地去除年龄和体型较大的个体，这些个体单位质量的繁殖价值通常最高（Hsieh et al.，2009）。在捕捞压力最大的地区，如果由于独有的亚种群和产卵种群丧失而导致种群的空间结构变化，那么种群的生产力和恢复力也会受到损害（Berkeley et al.，2011）。人们通常通过物种数量来衡量生物多样性，而对种群生活史和多样性丧失关注得比较少，然而它们却是需要重点考虑的因素（Rice，Gislason，1996）。与幼小个体相比，通过渔具捕捞的较大生物个体通常具有明显的摄食和迁徙特征，这意味着捕捞活动可以通过食物链的相互作用和物种迁徙对生物多样性产生影响。

如果降低捕捞压力或改变渔具的选择性，减少的种群组成成分就有可能恢复，这可以改善种群和生活史的多样性，并且通过恢复丧失的生态系统功能而改善更广泛的生态结构。然而，过去几十年的大量研究表明，生长、寿命和行为特征具有强大的遗传基础，这意味着捕捞不仅可以对种群结构产生短期影响，而且可对遗传结构产生长期影响（Van Wijk et al.，2013；Hutchings，Reynolds，2004）。与控制过度捕捞相比，阻止遗传多样性受损的过程要缓慢得多，尤其是当自然选择和遗传漂变不利于稀有基因的传播时（Hutchings，Reynolds，2004），情况更是如此。

0.3.2 生物多样性对渔业的贡献

生态系统提供的丰富物种，为渔民提供了更多的生计选择。如果某些物种的丰度有所下降（无论是由于自然因素还是过度捕捞），渔民可以尝试利用其他物种来抵消这些物种的减少，从而维持捕捞业和社区的繁荣。以一种或少数几个物种作为目标的高度专一化的渔业既高效又赢利，尤其是当物种具有很高的市场价值时；但正是由于这种依赖性，使得这些渔业也更加脆弱。多样化的捕捞物种组合既可以提高经济的韧性，又可以通过整个生态系统来均匀地分散影响，从而提供生态效益。这种分散风险的方法是"平衡捕捞"策略的基本原理。因此，生物多样性为渔业做出了重要贡献，而捕捞对生物多样性的不利影响却可能波及甚至削弱渔业的这种"平衡捕捞"策略。

在一个生态系统中，某些物种即使不是直接捕捞对象，仍可以通过许多生态系统功能来支持渔业。保护生态系统的生物多样性，意味着要保护那些构成栖息地、充当被捕食者、控制寄生虫、产生氧气、降解养分、过滤水体以及提供其他生态功能的物种（Diana，2009）。尽管大多数传统的种群评估模型并未考虑这些功能，但恰恰是它们共同决定了渔业目标物种的生长、死亡率和繁殖特征。这并不是说生态系统中的所有物种都对重要渔业物种的生产力做出了积极贡献，因为掠食者和竞争者会对关键种群生存率产生不利影响。但是，任何特定物种的生活史策略都已演化为在其有限的生态环境内，优化并取得繁殖的成功，而这种生态环境在很大程度上由其生物多样性所决定。

在考虑对环境扰动的韧性时，生物多样性在影响支持渔业物种的生态系统功能方面的重要性就更明显。由于关键物种枯竭或丧失而无法填补的生态位，为入侵物种创造了机会；而丰富的生物多样性为生态系统提供了更多的生态和遗传资产，可以抵御入侵物种。然而，与入侵物种相比，气候变化所带来的环境变化甚至更大；事实上，气候变化可以为入侵物种提供生存空间。但是，生物多样性保护能够提供更多的生物资源，从而提高生态系统适应气候变化的能力。因此，保护海洋生态系统，维持基本结构和功能完善，并充分利用健康的海洋生态系统来支持重要渔业生物的繁衍，才是更为审慎的预防性策略。

0.3.3 水产养殖与生物多样性之间的相互作用

水产养殖所需的投入品以及水产养殖的外溢效应可能会对生物多样性产生影响，包括从海洋中捕获的天然苗种和饵料，对物理空间的需求及其所造成的栖息地替代、营养盐和污染物排放以及疾病传播和养殖物种逃逸等。

在中国，某些水产养殖活动仍然存在依赖野生苗种，例如鳗鲡的养殖，或者将低营养级物种或幼鱼用作水产养殖饲料的情况，这会对生物多样性产生类似 0.3.1 节中提到的影响（Cao et al.，2015）。建立水产养殖设施通常意味着对原有自然栖息地的破坏或替代（Diana，2009；Liu，Su，2017）。捕捞渔业也可能对栖息地造成影响，但遭受渔具破坏的栖息地还有恢复的潜力。许多渔业管理策略旨在通过渔具和努力量限制来最大程度地减少对栖息地的影响，从而保护栖息地，或通过空间和时间控制促进栖息地恢复。与此相对照，水产养殖对栖息地的影响往往是永久性的。但是，某些类型的水产养殖业，特别是贝类和海藻，可以替代由于栖息地丧失而失去的功能（Neori et al.，2004），包括作为鱼类和无脊椎动物的庇护所、滤清海水、产生氧气、分解营养物质和固碳等（Chopin et al.，2001）。

水产养殖对生物多样性的影响不仅限于栖息地的丧失。水产养殖活动会产生各种废物，增加生态系统的污染负荷，并且对距离设施更远的栖息地和其他物种产生有害影响（Eng et al.，1989）。水产养殖生产中常见的高密度养殖会造成疾病的暴发，并可能扩散到养殖场以外的地区（Murray，Peeler，2005）。养殖生物还可能从养殖设施逃脱进入自然环境，进而可能将非本地物种引入生态系统中。即使养殖的是本地物种，但由于没有经受过自然选择的严酷考验，养殖个体通常在基因上也较差(Diana，2009)。这意味着，如果它们逃脱并与野生个体杂交，它们将稀释天然基因库，从而损害遗传多样性。

水产养殖业不同于野生渔业的另外一个方面是，养殖生产过程较少依赖周围生态系统的特征。毕竟，捕捞的目的是利用各种相互作用的物种和过程所促成的自然生产，而水产养殖的目的是创造并控制尽可能多的环境因素。这意味着调整生命周期的时间和地点，为捕食者提供食物和庇护所，增强抗病能力，选择或建立最佳温度和其他条件等。然而，在自然的沿海和海洋系统内进行的水产养殖活动，将受到当地水质、病原生物数量和其他因素的影响，而所有这些因素在某种程度上都受到当地生物多样性及其提供的生态系统功能的影响。尽管这种依赖性可能不如野生渔业那么强，但是这种联系仍然存在。

0.4 中国和全球水产品供应

在海洋生物资源提供的所有服务中，人类最依赖的是水产品的生产。2018 年，世界渔业和水产养殖总量为 1.79×10^8 t，其中约 88%(1.56×10^8 t)用于人类直接消费。其余的 12%($2\,200 \times 10^4$ t)用于非食品生产，其中的 82%(或 $1\,800 \times 10^4$ t)用于生产鱼粉和鱼油(FAO，2020)。

0.4.1 水产品消费是消除饥饿和粮食安全的重要保障

全世界人均食用鱼产品表观消费量已连续多年呈上升趋势，

2018 年达到 20.5 kg 的新高（FAO，2020），占全球人口动物蛋白摄入量的 17%，占所有蛋白消耗量的 7%。由于全球社会和经济发展仍然不平衡，全世界 1/4 的人口面临着中度或严重的粮食不安全，并且在过去 6 年中一直在增加。非洲一半以上的人口、拉丁美洲和加勒比地区近 1/3 的人口、亚洲 1/5 以上的人口缺乏粮食安全保障（FAO，IFAD，UNICEF，WFP，WHO，2020）。海洋生物资源的利用为减少饥饿和促进 33 亿人口的社会平等提供了重要手段，水产品占其人均年摄入动物蛋白总量的 20%。事实上，发展中国家的人均食用鱼产品消费水平（19.4 kg）与世界平均水平（24.4 kg，2017 年）之间差异不大。在孟加拉、柬埔寨、加纳、斯里兰卡和一些小岛屿发展中国家（SIDS），人均鱼源性动物蛋白摄入量占比可能达到 50% 或更多（FAO，2020）。

0.4.2　水产品贸易有助于平衡社会和经济发展

渔业不仅为全球大多数人口提供粮食，为保障粮食安全做出贡献，还通过贸易创造经济机会，为渔业社区提供新的市场机会。以兼具包容性和公平性的合理的社会和治理体系为前提，渔业生产和贸易将有助于解决社会公平和粮食安全问题。尽管发达国家在水产品进口量和进口额方面仍然占据主导地位，但发展中国家城市化和偏爱鱼类消费的中产阶级的扩大，也推动了发展中国家水产品市场需求的增长，其增长速度已超过发达国家。发展中国家的食用鱼和鱼产品进口额占全球总量的 31%，进口量占全球的 49%；而 1976 年的数据仅为 12% 和 19%（FAO，2020）。尽管欧洲和北美仍表现为水产品贸易逆差，但非洲在水产品进口量上已成为净进口国，只不过从水产品贸易总额来看非洲仍然是净出口国。非洲进口的鱼类主要是价格较低的小型中上层鱼类和罗非鱼，对于原本仅以少量几种粮食作物为主食的非洲人口，这已经成为重要的营养来源。

0.4.3 中国对水产品生产和市场需求的贡献

近半个世纪以来，中国水产品总产量一直稳步增长，目前约占全球水产品总产量的37%。过去10年中，中国对全球水产品需求增长的贡献高达65%（Nikolek et al.，2018）。在过去20多年的时间里，中国人均水产品表观消费量年均增长5%至38 kg/人，2016年达到49.9 kg/人，然后略微下降到2019年的46.45 kg/人，仍然是全球平均水平(20.5 kg/人)的一倍多（FAO，2020）。这其中主要是淡水养殖产品，也包括少量海藻。水产品产量的增长速度远远超过了中国相对平稳的人口增长，因此水产品正成为国民饮食的一个较大组成部分(FAO，2016)。随着中国人口从目前的14亿继续以每年0.5%的速度小幅增长，中国所需的水产品供应量将会继续增加（World Bank，2018）。

中国自产的水产品占国内市场销量的92%。中国出口水产品主要是高价值产品，其出口量仅占总产量的7%(图0.4)。2019年，中国水产品出口总量为$427×10^4$ t，价值207亿美元，几乎占中国农产品出口总额的30%。相比之下，水产品进口额为187亿美元，比上年增长25%(农业农村部渔业局，2020)。近年来，中国对水产品和其他高价值海产品的需求正在增长，中国进口的海产品，尤其是从国外进口的高价值产品正在不断增加(农业农村部，2018)。尽管鱼粉仍占中国水产品进口的很大比重，但高附加值优质捕捞渔业产品的份额已连续数年上升。波士顿龙虾、珍宝蟹和大西洋鳕以及许多其他进口品种在中国海鲜市场颇受欢迎。

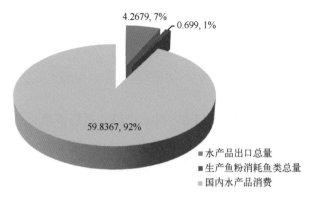

图 0.4 2019 年中国水产品市场(数据以 10^6 t 和%表示)

(农业部渔业局,2020)

0.4.4 中国水产品市场的结构

近年来,中国经济的快速增长带动了居民收入的稳定快速增长,食品消费也开始从满足基本需求向多层次、高质量的需求转变。中国人的饮食习惯发生了重大变化,水果和蔬菜,尤其是海鲜等"健康食品"所占份额越来越大。在中国家庭的饮食结构中,谷物(即传统的主食)从 1983 年的 235.02 kg/(人·a)下降到 2012 年的119.32 kg/(人·a),下降了 49.2%(罗洁霞,许世卫,2017)。与此同时,中国人均水产品消费水平显著提高,从 1983 年到 2014 年增长了 267.62%(罗洁霞,许世卫,2017)。结合上述分析,以及 FAO(2016)和世界银行(2018)的预测,中国未来对水产品的需求仍将继续增长。

中国消费者对水产品的消费需求是高度多元化的。在中国人的餐桌上不仅可以见到鱼虾贝藻等各个类别的水产品,而且也越来越多地看到来自世界各地的优质水产品。从水产品消费品种来看,中国居民消费水产品主要以鱼类和虾类为主,由于受自然环境、文化、烹饪习惯等因素的影响，中部、东部、西部三个地区居民消费水产品的品种存在显著的地域特征(张瑛，赵露，2018)。西部水产品消费品种单一，对鱼类的消费比重高达 59%，中部和东部该比重略低。由于江南居民本身喜欢吃虾，再加上东部和"长三角"地区虾类养殖规模很大，所以在虾类消费上东部所占比例最大，为 27%；中部和西部分别为 24% 和 21%。虽然中国是贝藻养殖大国，但贝类和藻类的消费量普遍低于 10%；而东部由于水产品品种丰富，藻类消费偏低。随着中国远洋渔业的快速发展和越来越多的远洋产品运回国内，市场上鱿鱼等不同类别的水产品也越来越多，其消费量占水产品的比例为 5%。在 2000 年以前，中国进口水产品数量仅为 100×10^4 ~ 150×10^4 t，加入 WTO 后进口规模呈现明显增长趋势；近年来，中国每年从俄罗斯、美国、挪威、加拿大、东盟、秘鲁和智利进口数百万吨食用水产品，挪威三文鱼、加拿大皇帝蟹等中高端水产品极大丰富了国内水产品市场的有效供给(孙琛等，2017)。

然而，与一些水产品消费率较高的国家不同，中国的高消费率并不一定反映其对水产品营养或粮食安全的高度依赖。2011 年，鱼类分别仅占中国农村和城市人口饮食的 2% 和 5%，而这两类人群对陆源蛋白质的消耗则较上述比例分别高出 3 倍(Liu，2014)。这种城乡差异表明，随着中国人民日渐富裕，他们将越来越偏爱优质食物。中国中产阶级的扩大，产品加工、存储和运输基础设施的改进以及新市场的准入，都是导致中国人消费偏好变化的重要驱动因素。据估计，到 2030 年中国的水产品市场需求将超过 $9\ 000 \times 10^4$ t(任爱景等，2012；隋昕融等，2017)。

人均收入水平、水产品价格、人口数量和城市化水平，是影响中国水产品消费的四个基本因素，而价格无疑是最主要的决定因素。与农村居民相比，中国城镇居民食物更为多样化且消费水平起点较高，消费量和消费结构的变化相对平稳，其粮食和蔬菜消费下降较快。从水产品消费占中国人均食物蛋白的比例来看，中国城市居民水产品消费量在 2004 年之前远远高于农村（岳冬冬等，2017）。不过，最近 20 年左右，这一结构似乎发生了根本性变化。2004—2014年，城市居民的水产品消费量已经不再增加（图 0.5）。在此期间，虽然中国全民食物蛋白消费量仍然不断增长，但其增长的动力主要来自农村（罗洁霞，许世卫，2017）。考虑到城乡水产品消费比例之间仍然存在显著差异，加上持续的城市化进程和农村人口向中国大城市的迁移，中国人的饮食结构仍然是增加渔业产量的强大推动力。

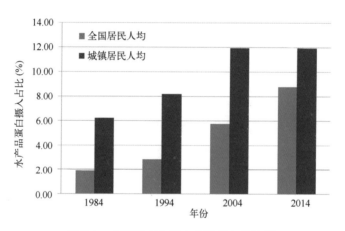

图 0.5　水产品占中国人食物蛋白的比例

（罗洁霞，许世卫，2017）

第一部分

中国海洋生物资源管理的
现状、趋势和挑战

1 海水养殖

1.1 中国的海水养殖生产

中国目前的海水养殖产量占全球产量的 57.9%（FAO, 2020），与海水和淡水捕捞渔业相比，水产养殖无疑是中国水产品最主要的贡献者。淡水产品约占中国水产养殖总产量的 60%，但海水养殖产量也很高，并且仍在继续增长。中国海水养殖业已保持了 60 多年的强劲增长（图 1.1），从 1950 年的不到 $10×10^4$ t 增长到 2006 年的 $1\,264×10^4$ t，超过了海洋捕捞渔业；一直增长到 2019 年，达到了历史最高水平 $2\,065×10^4$ t，超过海洋捕捞渔业总产量一倍以上。在这种快速增长的过程中，海水养殖业与淡水养殖业一同在维持国内水产食品供应、促进农村经济繁荣和增加渔民收入、优化国民膳食结构及保障粮食安全等方面做出了重要贡献。在 2006—2016 年这 10 年间，中国海水养殖产量从 $1\,264×10^4$ t 增加到 $1\,960×10^4$ t，占中国海产品总产量的 50%~56%。但在随后的几年中，随着国家对捕捞业强化监督执法，尤其是对捕捞能力和渔船的"双控"政策的实施，海洋捕捞渔业总量开始显著减少，并在 2019 年达到 $1\,000×10^4$ t，几乎比 2016 年捕捞总产量减少了 1/4。与此同时，海水养殖仍保持增长趋势，并在 2019 年创下 $2\,065×10^4$ t 的新纪录。

中国的海水养殖业在种类组成、养殖模式和经营方式以及所占

本章主要作者：刘慧、张朋艳、陈新颖、郝小然、姚颖、王冉。

用的广阔空间和海域类型方面都与世界其他国家明显不同。世界主要养殖国家如挪威等，主要依托一种或少数主导品种，养殖模式也较为单一；而中国则拥有种类繁多的养殖对象和经营模式。中国海水养殖种类约 70 多种，包括鱼、虾、贝、藻、参等，其中相当一部分种类是依靠光合作用或者滤食天然饵料而生长，在养殖过程中不需要投放饲料。只有鱼类和部分虾蟹类是投饵养殖的品种，其总产量约占海水养殖总量的 15%（图 1.2）。

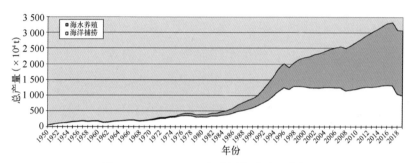

图 1.1　1950—2018 年中国海洋渔业产量

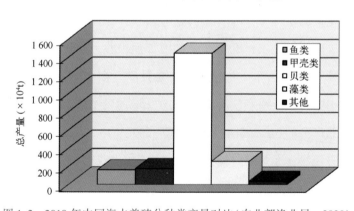

图 1.2　2019 年中国海水养殖分种类产量对比（农业部渔业局，2020）

海水养殖业对沿海经济的发展，尤其是近年来的快速发展，起到了推波助澜的作用。产业高速发展的背后，是强有力的政策、财税和科技支撑。从 20 世纪 50 年代至今，国家采取"以养为主"的发展政策，使养殖产业在内陆和沿海获得了优先发展的机遇，并且一直持续了半个多世纪。其中有一个时期，每隔 4~5 年，养殖产量就会翻一番。国家政策的引导只是一个方面，科技和财税扶持的支撑作用也不容忽视。中国五次"海水养殖浪潮"（指不同养殖品种的规模化和跨越式发展）分别以海带、扇贝、对虾养殖，海水鱼类规模化育苗技术的突破以及近年来的海参及其他海珍品养殖为基础，大大加速了养殖规模的扩增，也促进了产业多元化发展。20 世纪 90 年代以来，得益于国家科技投入的增加，中国在海水养殖新品种培育、病害防控、养殖工艺优化和机械化水平的提高等方面，都取得了长足的进步，产业发展不断踏上新的台阶。目前，中国科研院所中有数千个研究团队从事与水产养殖有关的各种研究。

自"十二五"规划（2011—2015 年）以来，中国调整了水产养殖政策，突出强调可持续发展。2015 年 4 月，国务院颁布了《水污染防治行动计划》（简称《水十条》），明确规定：要发展生态健康型水产养殖业，在主要河流、湖泊和沿海海域划定禁养区；升级改造水产养殖场；加强对渔用饲料和药品的控制；同时鼓励发展深水养殖。此外，国家还为海水养殖设定了 $220×10^4 \ hm^2$ 的面积上限。在渔业"十三五"规划中，提出了"减量增收、提质增效以及绿色发展"的目标，这一目标也被写入近期发布的法规中。从长远来看，中国的海水养殖政策将注重"健康和可持续"，为此，一系列法律法规已经颁布或生效，以保证相关政策的落实。

过去几年中，随着公众对生态系统和环境健康认识的不断提高，水产养殖的环境影响，包括废物排放和化学品滥用等问题引起了中国社会的广泛关注。沿海养殖场的大规模关闭和广泛的沿海修复项目取得了显著进展；而新法规中明确的职责划分以及 2017—2018 年各部委的重组，是中国行政体制取得的真正突破，必将显著改善海洋和海水养殖业的治理。

1.2 海水养殖的生态影响

水产养殖是一种相对低污染、碳中性（考虑到多品种综合养殖中碳吸收与排放的相互抵消作用）且环境友好的食品生产行业，其前提是所有水产养殖活动均科学合理地开展。海水养殖的生态影响主要包括占用栖息地的问题、环境污染问题以及养殖业对海洋生物多样性的影响等方面；而缺乏科学合理的海水养殖空间规划，又是导致诸多症结的根本原因。这些问题都可归结于政策空缺和执法不力，其突出表现是中国许多海域的超容量养殖问题。

1.2.1 超容量养殖

我国的海水养殖业主要通过海域使用证和养殖许可证的发放进行管理，养殖业者获得两证后，可以在确权的海域从事养殖活动。两证虽然明确规定了可以使用的水域空间，但对于养殖密度、养殖种类结构和养殖布局则无任何限制（Liu，2016）。在水产品价格上涨的情况下，企业倾向于养殖利润更高的种类，或增加养殖密度；而地方政府很难及时、准确地掌握企业正在养殖哪些种类、存池量是多少，进而采取相应措施控制特定水域的养殖总产量和污染物排放。因此，在养殖场、县、市和地区各层级，中国海水养殖种类的变更或经营规模的扩大往往并未受到适当的监测、监管和限制。在20世纪90年代以前，宽松的管理方式对促进我国水产养殖业的发展发挥了积极作用。但随着养殖空间的不断拓展，养殖规模的不断扩大，单位水体养殖生物量和养殖密度无限制的增加，导致了一些近海养殖区自身污染加剧，环境质量下降，病害频发，水产品质量越来越难以保障。此外，由于水产养殖海域使用冲突以及监管漏洞，无证从事海水养殖活动的情况也屡见不鲜，从而加剧了超容量养殖的问题。由于现行法律法规存在疏漏，尤其是执法力量较为薄弱，超容量养殖的问题难以很快得到解决。因此，中国渔业管理部门迫切需要功能强大的空间规划工具，来推动海水养殖业的严格治理。

1.2.2　挤占自然栖息地

海水养殖业在保障我国粮食安全和推动沿海经济发展的同时，也占用了大量的空间；由于空间使用与养殖规模有关，这与超容量养殖可以看作是一个问题的两个方面。据统计，海水养殖占用了我国滨海湿地总面积的 1/3、浅海总面积的 10%（Liu，Su，2017）。近半个世纪以来，我国进行了大规模的围海养殖（Wang et al.，2014），包括构筑围堰和土池等，围填海导致大面积的海岸地貌改变，滨海湿地生态系统严重退化。在过去的 40 年里，我国东南沿海已经建成了约 $24 \times 10^4 hm^2$ 虾塘，其中广西有 $4.62 \times 10^4 hm^2$，主要是通过毁掉潮滩、红树林和海草床来建造的。据国家海洋督察第一批围填海专项督察意见（国家海洋局，2018b），辽宁、河北、江苏、福建、广西和海南等省（区、市）违法违规用海问题严重，其中河北省围海养殖用海总面积约 18 424 hm^2，取得海域使用权的面积仅占 27%；江苏省违规占用海域进行养殖涉及 137 宗养殖用海、占用滩涂约 12 000 hm^2，其中占用自然保护区缓冲区及生态红线区养殖 9 955 hm^2。这些违法违规用海和占用各级各类自然保护区用海的行为，势必造成海洋生物多样性和重要水生生物种质资源的破坏，对我国近海生态系统造成难以估量的损失。1989—2000 年间，中国丧失了 12 924 hm^2 的红树林，其中 97% 以上是由于建造虾塘造成的。可见，海水养殖生产经营活动公然违反法律法规的情况并不是个例，这从一个侧面反映了我们的行政管理尚存疏漏。

1.2.3　养殖废物排放

超容量的海水养殖活动不仅侵占了许多野生动植物的栖息地，而且还由于污染导致了其他一些栖息地的退化。根据全国渔业生态环境监测网 2015 年的监测结果（农业部，环境保护部，2015），我国四大海区渔业水域局部污染仍然较严重，其中无机氮、活性磷酸盐、化学需氧量（COD）和石油类的超标率分别为 78.1%、4.9%、13.1% 和 16.2%，海水养殖是其主要污染源之一（贾晓平等，2017）。同时，抗生素污染的威胁也一度有所增加。受到河流输入和养殖业排污影响，北部湾水体中曾检测出多种抗生素类药物（Zheng et al.，2012），其中红霉素为最主要的抗生素种类，检出率为 100%，浓度范围 1.10～50.9 ng/L；其次是磺胺甲噁唑，浓度和检出率分别为小于 10.4 ng/L 和 97%。近年来，随着国家全面启动截污减排和养殖尾水治理，并全面禁止水产抗生素的使用（农业农村部，2019），这一问题已得到有效缓解（农业农村部，生态环境部，2018）。

在中国的海水养殖总产量中，海藻和贝类等非投饵性生物占比较大（见图 1.2），而鱼类和甲壳类等投饵性动物虽然占比较小，但总量也很大（335×10^4 t，2019 年）。就鱼类养殖而言，所投喂的饲料中只有 27%～28% 的氮被吸收并转化为鱼肉，超过 70% 的氮变成废物被释放到环境中（Hall et al.，1992）。特别是在大规模和高密度养殖的情况下，投饵养殖明显导致了周围海水污染。南通市是中国主要的南美白对虾生产基地之一，其养殖规模从 2013 年的

6 700 hm² 迅速扩大到 2017 年的 12 700 hm²，四年间产量增加近一倍。养虾小棚在滩涂和农田中快速增加，导致了一系列的环境问题，如土壤盐渍化、地下水过度开采和浅层地下水污染。河北、山东等省的主要水产养殖区也存在类似问题，海水养殖尾水的清理和整治已成为地方渔业管理部门的艰巨任务和面临的重要挑战。根据《中华人民共和国渔业法》，控制水产养殖排放是各级渔业主管部门的一项主要职责；曾几何时，这项任务在很大程度上被忽视或让位于增加产量。基层管理部门缺乏环境监测专业技能以及各地普遍缺少水产养殖废物排放标准也是导致这一问题的部分原因。不过，近期一项研究表明，海水鱼类网箱养殖输入水体的氮磷与饲料类型有关：使用配合饲料时，单位养殖产量（每吨）输入的氮磷量分别为 72 kg 和 17.3 kg，显著低于投喂鲜杂鱼饵料的小网箱（分别为 142 kg 和 26 kg）；将其与大气沉降、河流、海底地下水、沉积物界面交换等途径的输入量进行比较，发现网箱养殖输入的氮磷量约占养殖水体总输入量的 7% 和 3%（Qi et al.，2019）。将海湾环境富营养化等问题完全归结于水产养殖是不正确的，但养殖活动必然会增加局部水域的营养盐和有机质含量，对周边水体生物地球化学循环的影响不容忽视。

1.2.4 对渔业资源造成压力

海水养殖环境影响的另一个方面是，投饵型养殖生物（如鱼类和甲壳类动物）需要大量的饲料，饲料中的鱼粉等主要原料通常依靠捕捞具有重要生态价值的饵料鱼（即所谓的幼杂鱼）；而部分养殖鱼类迄今为止仍然以鲜活的幼杂鱼为主的、甚或是唯一的饵料，因为还没有开发出适口性好的配合饲料。例如，中国在 2019 年生产了 22.6×10⁴ t 大黄鱼，除了杂鱼以外几乎不投喂其他饲料；

如果按照大黄鱼一般的饵料系数 FCR 为 7∶1 计算，仅 2019 年中国就有将近 150×10^4 t 的幼杂鱼捕捞量仅用于喂养大黄鱼这一种养殖鱼类。中国的水产饲料行业已经经历了 30 多年的快速发展，其产量从 1991 年的不到 100×10^4 t 增加到 2018 年的超过 $2\,200 \times 10^4$ t，增长了近 30 倍，已超过全球总产量的 50%（麦康森，2020）。同期，世界上最大的水产饲料生产企业也得到快速发展，一些水产饲料的加工技术和质量逐渐提高。例如，中国养殖对虾的饵料系数已降至 $1.0 \sim 1.2$，几乎达到了高效生产的国际标准（刘慧等，2017）。但是，在某些情况下，饵料系数或海水养殖产品的饲料投入产出比仍然很高。饲料利用率低以及过量使用饲料，都会加剧海水养殖的环境污染和对栖息地的影响，而遗传育种、设备改进和自动化等方面的科技进步对提高饵料转化率和水产养殖业的综合绩效至关重要。

1.3　社会和经济因素

1.3.1　社会经济发展拉动水产品需求

到 2030 年，中国人口预计将达到 15 亿，如果按照人均水产品占有量 50 kg 计算，则总需求量将达到创纪录的 $7\,500 \times 10^4$ t（唐启升，2013）。不过，随着中国人口出生率进一步下降，老龄化加剧，中国到 2050 年的人口总数有可能回落到 12 亿 ~ 13 亿之间，中国的水产品需求量也将与现在基本持平。从全球来看，人口增长（年增 1.6%）与相应的水产品需求量增长（在 1961—2017 年之间年增 3.1%）很可能会一直保持到 21 世纪中叶，2050 年全球估计将有超过 90 亿的人口，水产品总需求量也将超过 3×10^8 t（FAO，

2020)。因此，中国水产品生产保持持续、稳定增长，不仅仅对中国至关重要，而且对保障世界粮食供应来说也具有特别重要的意义。

自20世纪80年代末以来，中国海水养殖产量不断增加，逐渐弥补了几十年来持续下降的海洋捕捞渔业产量的不足，并成为中国海洋经济的重要组成部分。考虑到海产品供应量的不断增长和海产品的高附加值，海水养殖无疑是中国粮食安全和经济增长的主要贡献者。目前，面对新的发展需求和生态环境保护压力，在淡水养殖空间和生产率短期内难以显著增加的情况下，海水养殖必须不断拓展新空间、培育新业态，并且提升集约化水平和生产效率。

在空间拓展方面，为了解决滩涂和近海养殖空间受限问题，中国不断探索深海养殖工程装备与智能化工艺，已先后研发了十余种新型深远海养殖设施，总容积超过 $30\times10^4\ m^3$（图1.3），并配套开发了三文鱼、黄条鲕、斑石鲷、黄鳍金枪鱼、大黄鱼、石斑鱼、军曹鱼等名优海水鱼类的深远海养殖技术（中国科学技术协会，中国水产学会，2020）。

休闲渔业是与旅游业和水产养殖业密切相关的新业态，在近年来高速发展并已成为渔业经济中越来越重要的成分。自2003年实施休闲渔业监测统计以来，我国内陆和沿海省份的休闲渔业产值及其占渔业经济总产值的比例呈总体上升趋势，年均增长率高达19.56%。2019年，我国休闲渔业总产值达到963.7亿元，约占我国渔业经济总产值的3.6%（农业农村部渔业局，2020；全国水产技术推广总站，2020）。随着中国海洋牧场建设规模的扩大，与海洋有关的休闲渔业的比例有望进一步提高。

图 1.3　我国研制并投入使用(试用)的深远海养殖设施

(a)3 000 吨养殖工船(日照外海冷水团海域)；(b)5 万吨全潜式渔场"深蓝 1 号"(日照外海冷水团海域)；(c)9 000 吨大型钢结构网箱(广西铁山港外海海域)；(d)3 万吨"德海 1 号"智能渔场(珠海万山海域)；(e)16 万吨大型管桩养殖围栏(莱州湾海域)；(f)3 万吨远海岛礁基围网(南海美济礁海域)；(g)6 万吨"长鲸一号"坐底式智能网箱(烟台长岛海域)；(h)1.3 万吨"振渔 1 号"自翻转式网箱(福州连江海域)

图片来源：关长涛；引自：中国科协和中国水产学会(2020)

1.3.2　产业面临的自然灾害风险较高

作为一个依海而生的产业，海水养殖目前面临许多重大挑战，包括劳动力短缺、饲料和能源成本上涨，自然灾害和疫病的频繁发生等。我国沿海 11 个省(区、市)的渔业经济收入占中国渔业总产值的 71%。由此可以推测，在每年因各类灾害造成的渔业经济损失上，沿海省(区)市的损失也占全国损失总数的 70% 左右(表 1.1)。这些数字在一定程度上可以代表中国的海水养殖业受灾损失情况。2018年，沿海 11 个省(区、市)因台风和洪水、疾病、干旱、污染等原因造成的经济损失超过 90 亿元。

表 1.1　沿海各地区渔业灾害造成的经济损失

单位：万元

地区	小计	台风、洪涝	病害	干旱	污染	其他
天津	1 035		1 035			
河北	126 336.1	7 757	3 154.1		1 380	114 045
辽宁	235 568.6	238	9 048	102 503		123 779.6
上海	1 889.58	331	1 457		101.58	
江苏	145 306	40 454	52 937	3 476	33 049	15 390
浙江	48 976	24 126	23 015	431	1 292	112
福建	56 438	34 954	9 284	1 378	10 090	732
山东	143 737	56 471	18 434	6 634	13 300	48 898
广东	173 285.35	127 830.16	25 389.27	1 744.8	953.76	17 367.36
广西	10 795.26	2 952.02	5 739.74	108.6	133.1	1 861.8
海南	2 047.8	1 040	964.8		43	
沿海合计	945 414.69	296 153.18	150 457.91	116 275.4	60 342.44	322 185.76
全国总计	1 363 365.93	475 108.34	261 259.43	193 329.9	82 211.46	351 456.78
沿海占比	69.34%	62.33%	57.59%	60.14%	73.40%	91.67%

资料来源：农业农村部渔业局，2019。

沿海地区污染造成的渔业经济损失为全国渔业灾害造成的经济损失的 73.4%，且位居所有灾害损失之首。这或许反映了中国海水养殖水域的污染状况没有得到根本改善，因而导致灾难性的污染事故频繁发生，并造成养殖动物的大量死亡和巨大的经济损失。例如，2018 年 11 月 4 日，东港石化有限公司的一艘船与船坞之间输油的软管泄漏，导致福建省泉州市泉港区 6.97 t 碳九泄漏入海。这次事故直接给附近的养鱼场造成了数百万元人民币的损失(凤凰网，2018)。

再比如，赤潮和绿潮灾害在过去 10 年中频繁出现，明显暴露了中国沿海水体富营养化的严重问题。2019 年 6 月和 7 月，大量的绿潮生物浒苔(*Ulva prolifera*)漂到山东省沿海(图 1.4)，造成海水养殖场和泳滩污染。当地动用了数以千计的渔船、卡车、推土机以及成千上万的解放军战士、清洁工和志愿者连续奋战多日，在滩涂和海上收集和清除这种污染物。除了浒苔连续 13 年的侵袭，中国局部海域近年来还发生了漂浮铜藻(*Sargassum horneri*)暴发的事件。2019 年 5 月，在江苏省北部浅滩观察到大量漂浮的铜藻，堆积并压坏了紫菜养殖筏架(科学网，2019)。随后，铜藻在 6 月向北移动，所到之处不仅给海水水质造成了污染，而且对海水养殖构成了威胁。这些人为或自然灾害构成不利的外部因素，给海水养殖业的健康发展带来了风险。

图 1.4　2019 年 7 月青岛近海发生大规模浒苔绿潮(姜晓鹏摄)

左上角为科学调查船，船长约 73 m

1.3.3 海水养殖的经济社会责任重大

2019 年，中国海水养殖总产量 2 065×10⁴ t，产值为 3 575 亿元人民币，提供了近 200 万个就业机会，并且带动了海产品加工、运输、餐饮和营销以及其他服务行业的整个产业链（农业农村部渔业局，2020）。目前，海洋渔业总产值占中国主要海洋产业增加值的14%左右。总之，海水养殖在粮食安全保障、经济增长、渔民生计等方面承担着重要的责任，中国必须努力确保海水养殖业的持续健康发展。

不过，除了自然灾害造成的经济损失，饲料、能源和劳动力价格的上涨，也冲击着海水养殖业曾经相对稳定的盈利能力；而海水养殖产品价格的大幅波动以及连续的水产品安全事故引起的消费者信心下降（陈智兵，陈文，2006），则进一步加剧了这些影响。2020年初，新冠疫情暴发，对水产养殖业造成了沉重打击，水产品价格、销量和贸易额都明显下降，中国的海水鱼价格、对虾和三文鱼进口量、全球水产品进出口量都大幅度下降。总体来说，水产品行业对宏观经济形势较为敏感，如何提高水产养殖业抗击外部风险的能力，以更加稳健的盈利能力、稳定的就业岗位、优质安全和生态友好的形象被更多的人所接受，这是产业面临的重要挑战。

在中国，规模庞大的海水养殖已逐渐成为近海生态系统的一部分，将养殖、捕捞和栖息地保护进行一体化管理，显得越来越重要。为了重建沿海栖息地和恢复渔业种群，同时促进海洋渔业经济持续发展，中国近年来投入巨资大力发展一种新型的增养殖型渔业——海洋牧场。不过，由于缺乏系统的科学研究和评估，加之缺乏适当的手段来实施全面的监督和管理，海洋牧场的生态和经济效益有时难以保证。獐子岛养殖扇贝大面积绝收的事件证明了海洋牧场的脆弱性，温度突变、缺氧或海洋酸化等都会构成海洋牧场的环境风险。獐子岛事件是多个不利因素叠加耦合的结果，警示我们进行海洋牧场相关科学与技术研究、加强管理的重要性，同时也提示利益主体增强风险意识，顺应海洋生态系统的自然规律，保护行业免受灾难性事件的影响。截至 2020 年底，中国已经建成六批 136 个国家级海洋牧场示范区，其建设当中已越来越多地采用科学选址、风险评估、生态监测和智能化管理等措施。相信在海洋生物资源综合治理的大框架下，中国未来的海水养殖业将得到平稳发展。

1.4 技术挑战

1.4.1 产业技术挑战

在中国海水养殖发展的漫长历史中，曾经在规模化苗种生产、养殖工艺、设施与工具等方面取得了许多重要突破和创新。根据《2018—2019 水产学学科发展报告》（中国科学技术协会，中国水产学会，2020），近年来，中国海水种质资源保存与鉴定评价、新品种培育工作成效明显，破译了多个水产物种基因组，解析了重要经济性状的分子机制，水生生物的干细胞移植技术、基因组编辑技术和基因组选择育种技术都有了进一步的提升和应用。近海传统养殖网箱和陆基养殖设施进一步实现升级改造，深远海养殖设施与装备快速发展，使中国成为世界上为数不多的拥有"深蓝 1 号"等大型深海养殖装备的国家。在蛋白质营养和替代、脂肪营养和替代、糖类、维生素和矿物质营养、添加剂开发、幼体与亲本营养、高效环保饲料开发等方面进行了大量研究，取得了一系列重要的研究成果。水产重大和新发疫病病原学与流行病学研究取得重要进展，多种水产病原的多重、定量和快速检测技术研发以及水产病原侵染及宿主免疫机制研究取得突破，水产疫苗研发和药物学筛选研究也取得了阶段性成果。

从宏观层面来看，面对近海生态系统加剧演变的态势，中国急需应对的与海洋生物资源相关的科学技术问题无疑是多方面的。我们需要了解和掌握人类活动影响下陆海生态系统连通性的现状特征、演变规律与驱动机制，统筹和贯通海岸带陆海环境监测和生态修复的技术方法，科学合理地利用和修复海岸带生物资源，从而建立海岸带生态系统保护和持续利用新模式。

从中国海水养殖业现状来看，不同养殖模式所面对的技术挑战也有所不同。①池塘养殖：生态系统形成与变化机制、关键因子影响机制研究不深，还不能很好地把握生态调控的时效，养殖主要依靠人力、机械化程度比较低，除增氧和投饲以外的机械设备也非常欠缺；②工厂化养殖：我国的工厂化循环水养殖工艺技术已在全国各地得到广泛应用，在养殖用水循环率等一些关键性能指标上已基本接近国际水平，但与国际先进水平相比，在系统集成、稳定性以及标准化等方面还存在着一定差距；③近海养殖：我国近海养殖设施缺乏标准化设计，给养殖机械化带来了很大的困难，虽然部分工序由机械替代人工，但总体还是以手工方式，劳动强度大，生产效率低；④深远海养殖：深远海海况特殊，偏离海岸，大洋性海流、风暴潮等灾害性天气对设施的适应性能、结构布装的可靠性以及拦网水体的交换性能等提出了更为严峻的挑战，高海况下的网箱基础研究和实践还相当欠缺。

1.4.2　管理手段不足

从20世纪80年代至今，中国在海洋渔业和水产养殖管理方面已经形成了以《中华人民共和国渔业法》(以下简称《渔业法》) 为主体,以《中华人民共和国海域使用法》和《中华人民共和国海洋环境保护法》为支撑的法律体系,包括五项国家法律、四项行政法规以及若干规则和规范性文件。尽管中国在水产养殖业管理政策法规方面相对完善,但在管理措施和技术手段方面还有待提高;针对海水养殖管理的科技支撑尚嫌不足,技术手段还跟不上产业管理的需求。长期连续的养殖环境监测和生产数据采集是海水养殖治理最重要的工具,各级渔业主管部门应该加强养殖生物和环境监测相关工作的安排,全面和及时地采集相关数据,便于管理部门及早发现问题和提前采取防控措施。完善渔业管理信息系统建设,建立养殖场库存量常规报告制度,杜绝养殖场无证经营,以便基层海洋渔业管理部门全面掌握所辖各养殖场的养殖品种和产量。此外,应加强海水养殖环境影响(包括各养殖场的尾水和废物排放量)的系统性监控,从而克服数据不足难以支撑科学决策的障碍。

中国正在优化调整环境和渔业政策,以应对海水养殖的许多环境影响,这同时也给海水养殖业带来了新的挑战。自 2012 年中共十八大以来,中国加快了生态文明建设的步伐,中国的环境质量日益改善,特别是随着新的《中华人民共和国环境保护法》于 2015 年颁布生效,环境监管、生态审计、环境执法和违规处罚等方面都得到加强。经过几十年不受限制的投资和增长,海水养殖业面对这些政策变化难免会产生前所未有的压力。目前的政策法规已严格限制海水养殖业排放废水和废物,并禁止使用燃煤锅炉;一旦发现与海洋保护区或生态红线(用于旅游或其他海洋用途)产生冲突,海水养殖业就必须做出让步。海水养殖企业必须决定是选择关闭还是承担合规合法经营、进行设备改造的成本。中国在改善环境质量和减少碳排放方面的行动,将影响包括海水养殖在内的所有行业。中国的这些政策变化对海水养殖业提出了迫切的要求，同时也为产业改革发展创造了新的机遇：有必要迅速采取行动进行污染治理和发展绿色低碳技术。

此外，根据《全国渔业发展第十三个五年规划》和随后的一系列国家政策，"退养还滩"已成为近期海水养殖的总体政策。如何在空间受限和持续提供优质海产品之间取得平衡，已成为渔业管理部门、科研人员和养殖企业所面临的最大挑战，需要通过中国海水养殖各个领域的技术突破来解决。中国即将开展包括近海的国土空间规划，而水产养殖是空间规划的重要内容。如何在兼顾生态、经济需求的前提下，合理布局池塘、工厂化、近海和深远海养殖，是我们面临的一项重要任务。渔业管理部门应高度重视，提前制定实施方案；借国土空间规划的契机，理顺水产养殖与地方经济、社会和生态发展之间的关系。

1.5　小结

中国海水养殖业规模庞大，对于沿海地区乃至全国社会经济的贡献与重要性毋庸置疑。但是，产业发展中也面临一系列挑战，包括养殖业自身的成本、劳动力、价格问题以及养殖容量、原材料（饲料和投入品）、废物排放等环境问题。这其中，有些是产业发展过程中自然产生的问题，需要通过科技研发、创新、转型升级来不断应对和解决；有些是管理方面的问题，需要通过完善政策法规、强化治理措施来解决。目前，中国正在大力推进水产养殖业绿色发展。鉴于中国在全球和区域海水养殖产业的大国地位，中国发展生态健康的海水养殖模式和生产优质、绿色、生态的水产品，将会为全球产业发展和产品供给提供重要典范。

2 海洋捕捞渔业

过度捕捞已不仅仅是全球渔业目前面临的最重大的问题,它可能是整个海洋生态系统所面临的最重大的问题。当然,这并不是在说其他问题不重要,正如在某些地区还有比过度捕捞更严重的问题,如滨海湿地等重要栖息地的丧失。但是,由于捕捞船队规模庞大且分布广泛,在直接造成捕捞生物死亡的同时通常还会对栖息地产生附带性影响,因此,过度捕捞仍然是全球海洋健康面临的一大主要威胁,只有气候变化可与之匹敌(Halpern et al.,2008)。事实上,最近的研究表明:停止过度捕捞可以促进包括哺乳动物、鸟类和海龟在内的海洋野生生物的恢复,这也间接证明了过度捕捞对生态系统造成的严重影响(Burgess et al.,2018)。

中国同样面临过度捕捞的严重后果,导致过度捕捞的驱动因素也与其他国家大体相同。中国的海洋生态区曾经以丰富的渔业资源和盛产高品质海产品而闻名世界。但在过去40年过度捕捞以及其他导致海洋环境恶化因素的共同影响下,中国海域的可捕鱼类越来越少,曾一度作为中国渔业主要捕捞品种的鱼类无论渔获量还是海洋中的生物量都越来越少。以舟山群岛为例,该海域曾经是闻名全国的重要渔场,渔场面积达 $22×10^4$ km^2,素有"中国海鲜之都"和"东海粮仓"之称。但该地区的大黄鱼渔获量从 1957 年的 $17×10^4$ t 减少

本章主要作者:WILLARD Daniel,KRITZER Jacob,孙芳,MIMIKAKIS John,VIRDIN John,王冉,唐华清,赵海珊,穆泉。

到 2015 年的 400 t，降幅超过 99%。

中国其他高值渔业品种的渔获量同样呈现下降趋势，不过，渔业经济方面的损失已通过捕捞更多低值但数量更丰富的品种抵消了（Szuwalski et al.，2017）。与此同时，休闲渔业和远洋捕捞又为渔业的发展带来了新的机会。但如果不能对休闲渔业和远洋船队进行可持续管理，产业重心的改变只会把商业渔业造成的过度捕捞问题转移到其他新兴的渔业产业。

导致过度捕捞的原因很多，且因渔业而异，不过有两个驱动因素最为常见：①经济激励措施与预期的环境结果不匹配；②渔民与决策过程相脱节，导致渔民不愿意接受相关政策和遵守法规。事实上在许多情况下，导致各个渔业产业衰退的原因基本上大同小异，其中包括对捕捞船队的过度投资和无节制发展，种群评估和渔业管理相关领域的技术挑战以及由于管理改革和渔业资源恢复等政策所带来的一系列社会经济影响。

2.1　中国的海洋渔业生产

中国从诸多方面来看都是当之无愧的世界第一渔业大国，也是迄今为止全球最大的海洋渔业捕捞国家。有数据显示，中国 2018 年的海洋和淡水捕捞产量分别占全球总产量的 15% 和 16%（FAO，2020）。同年，中国的海洋捕捞产量约 $1\,300\times10^4$ t，几乎是第二大捕捞国——秘鲁渔获量的两倍。中国的捕捞船队分布在 11 个沿海省（区）市，横跨渤海、黄海、东海和南海四大海域，渔获物包括 20 000 多种海洋物种以及 1 000 种商业性捕捞品种（Liang et al.，2018）。其中东海是中国最高产的海域，占其海洋捕捞总产量的 40%（Szuwalski et al.，2017）。中国渔业的捕捞物种种类较为繁多，不仅因为中国海洋生态系统拥有较高的生物多样性，同时还因为渔业捕捞过程中拖网、帆张网、刺网和其他非选择性捕捞渔具的大量使用，捕捞总量控制制度的缺乏（Shen，Heino，2014）以及海洋渔业执法不力。如今，主要渔获物种的组成已从少数几种渔获量较大的高价值物种转变为多种的低价值物种，其中作为饲料的渔获物比例逐渐增加，约占海洋总渔获量的35%（Zhang et al.，2019）。

渔业是中国重要的经济驱动力，同时也与世界各地无数水产品市场的商业经济活动密切相关。中国拥有全球最大的捕捞船队，有超过100万名渔民在20余万艘渔船上工作（Cao et al.，2017），还有近1 500万名相关行业从业人员（Zhang，Wu，2017）。自1950年以来，在中国专属经济区（EEZ）海域范围内的渔获量增加了一个数量级（Srinivasan et al.，2012）。虽然中国直到近期才开始发展以高价值渔获物为捕捞目标的远洋船队，但如今远洋渔业的捕捞量已经占到了中国海洋捕捞产量的18%（FAO，2020）。高产值的海洋捕捞渔业带动了水产加工行业的蓬勃发展。中国目前大约有10 000家水产加工企业，年产量达 $2\ 200 \times 10^4$ t（农业农村部渔业渔政管理局，2018）。在海洋水产贸易方面，中国是世界最大的水产品出口国以及世界第三大水产品进口国，2016年的出口额达200亿美元，占市场总份额的14%；同年进口额达87亿美元（FAO，2018）。进口、加工和再出口（即来料加工）是中国渔业贸易的主要经济业务，而这些年来进口量的增加反映了中国人民收入的增加和消费者对非本地物种的偏好。据研究预计，中国在2030年将消费38%的世界食用鱼产量（Fabinyi，Liu，2014）。总而言之，中国在全球海产品供应链中的地位，其世界领先的捕捞产量以及其渔业劳动力规模意味着中国的渔业管理将是一个在社会、经济和环境方面举足轻重的政策问题。

2.2 中国的海洋渔业简史

　　中国于近年才成为世界捕捞大国。1949 年中华人民共和国成立以后，中国的海洋捕捞总产量保持了几十年的稳步增长。Shen，Heino(2014)认为，中国渔业的发展从 20 世纪中期到现在主要分为四个阶段。50 年代为第一阶段。这一阶段的主要特点是经济及技术稳步发展，整体产业从不发达、以手工渔业为主转变成为较为工业化的企业形式。这一阶段的主要目标物种包括具有高商业价值的近岸大型底层鱼类，如带鱼、大黄鱼和小黄鱼。60 年代为第二阶段。这一阶段中国大部分的海洋渔业资源被充分利用。但随着传统捕捞物种的渔获量逐渐下降，海洋渔业的捕捞目标开始转向了诸如鳀(*Engraulis japonicus*)之类的小型低价值物种。70—80 年代为第三阶段。随着渔捞努力量不受限制地持续增加，许多渔业物种种群数量锐减。70 年代中期，中国海洋捕捞总产量约为 300×10^4 t，直到 80 年代中期，每年仅以 2%的速度增长，仅为最大可持续产量的一半水平，远低于中国海洋水产品生产自给自足的目标(Cao et al.，2017)。1978 年，中国实施"改革开放"政策，旨在对当时的经济制度进行改革，在逐步引入私营企业的同时放开经济，鼓励对外贸易和外商投资。在此政策执行的大环境下，中国渔业和沿海经济相应地在海洋资源开发利用、市场化改革及对外贸易方面得到迅速发展。80 年代中期至目前为第四阶段。在这一阶段，中国海洋渔业资源的过度开发问题较为明显，渔业产业的绩效也不容乐观。这些发展问题推动了中国步入渔业管理改革的新时代，渔业管理改革目标也由最初的增加渔业产量转变为促进海洋生态环境恢复和保护。

　　中央政府在认识到海洋捕捞总产量增长停滞不前的情况后，于

1985 年发布 5 号文件，鼓励渔船私有化并扩大中国专属经济区海域范围内的渔业生产活动规模。这一政策推动了捕捞技术的进步和发展，人们也开始意识到渔业是重要的经济驱动力，从事渔业生产活动的热情高涨，捕捞努力量和渔获量也得以迅速扩大。在接下来的 10 年中，海洋捕捞总产量年增长率达到 11.8%，总渔获量接近 $1\,500×10^4$ t，中国进而成为世界上最大的捕捞国（Cao et al.，2017）。

这一时期，尽管渔获量仍在持续增加，但鱼类种群数量减少的幅度逐渐放缓，整体数量也逐渐趋于稳定。这种趋势得以维持的原因有很多。①正如在全球商业渔业发展过程中所观察到的那样，市场对海产品的需求推动了捕捞量的提高和捕捞技术的进步，船队得以借助不断增加的技术力量持续加强对不断减少的鱼类种群的捕捞活动，从而给鱼类种群的生存造成巨大压力，甚至不乏达到濒临崩溃的情况（Clark，2006）。②中国的捕捞船队会随着以往目标捕捞物种的资源枯竭而转向开发低龄、小型、低值品种的市场（Zhang et al.，2019）。③因为天敌被捕捞而数量减少，较低营养级物种的丰度可能会增加，导致此类饵料鱼种的种群数量持续增长，总渔获量相应地不断增加（Szuwalski et al.，2017）。另外，中国从 1985 年开始建立并发展远洋船队，可以通过在公海或其他国家管辖海域进行远洋捕捞，来弥补国内海洋渔业总量的下降。

自 1985 年以来，远洋捕捞占海洋捕捞总产量的比例越来越高（Zhang，Wu，2017）。Mallory（2013）认为，远洋捕捞以及水产养殖产量的增加主要是受到创造就业机会和经济增长的相关政策目标的影响，而非食物供应需求的驱动。早期的捕捞渔船全部是国有的，但是经历了 20 世纪 90 年代的国有企业私有化改革后，目前大多数捕捞企业都是私营企业。如今中国拥有世界上规模最大的远洋捕捞船队，据官方的不完全统计，目前的作业船只大约有 2 700 艘（农业农村部渔业局，2019)，而一些国外学者(Pauly et al.，2014；Gutierrez et al.，2020)认为实际数量可能高达3 400~17 000艘，其中在其他国家或地区登记注册的渔船有将近1 000艘。这些远洋捕捞船队的作业范围包括全球公海海域和40个合作伙伴国家的专属经济区，其中以西非和东南亚为主要捕捞海域，远洋渔业总产量估计超过200×10⁴ t，占中国海洋总渔获量的18%(FAO，2018；农业农村部渔业局，1950—2020)。其中约一半的渔获产品出口到了发达国家。中国远洋捕捞船队的成功扩张和捕捞渔业的向外发展得益于自20世纪80年代开始实施的各项政策，包括限制国内水域的捕捞活动以及为近海和远洋捕捞活动提供补贴。

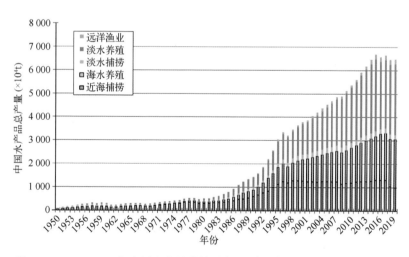

图 2.1　1950—2019 年中国水产品总量及来源(农业部渔业局，1951—2020)

2.3　监管环境

随着中国国内水域捕捞活动的规模不断扩大，渔业生产和捕捞的速度超出了鱼类种群的自然恢复极限。因此从20世纪80年代开始，政府的当务之急是出台限制海洋渔业捕捞努力量的政策。最早实施的渔业管理措施是 1979 年的捕捞许可制度。这一制度虽然从原则上规定以渔业资源状况为前提进行适度的捕捞活动，但其对海洋生物资源管理的实际效力较小，其意义更多的是为后续法规的出台提供依据（Huang，He，2019）。1986 年，中国颁布了第一部对渔业行业进行全面管理的《渔业法》。该法确立了捕捞管理规定的相关条款，其中包括确立捕捞许可制度的法律地位，并将其覆盖所有捕捞船只，同时明确了管理海洋可捕资源和分配国家捕捞配额的主管部门。

从行政管理角度来看，尽管其他部委的环境和自然资源管理政策也能在某些方面对渔业管理施加影响，但渔业管理基本属于农业农村部（MARA）［2018 年机构重组之前为农业部（MOA）］渔业渔政管理局的职责范围。渔业政策以自 20 世纪 50 年代初开始相继颁布的"五年规划"为指导进行制定。综合历年"五年规划"和其他相关政策的内容来看，中国渔业的政策思路以强调生产及利用技术来解决问题为主（Fabinyi，Liu，2014）。由于渔业整体的管理绩效是根据年产量来评定的，因此国家和地方政府将产业发展放在第一位，工作目标以最大程度地提高渔业产量和增加就业机会为主（Zhang，Wu，2017）。然而近年来，在认识到中国水域过度捕捞和栖息地退化等问题的严重程度后，"五年规划"和其他相关政策开始强调资源养护和环境保护，这标志着从过去强调产能目标到如今注重生态环境的重要转变（Cao et al.，2017）。

因此，近期的政策目标旨在解决中国严重的产能过剩问题，力求使全国捕捞量不超过渔业资源的生物学极限。自 1999 年以来，中国一直在国内水域实行零增长以及后来的负增长战略。根据这些政策的要求，国家渔业主管部门和省级政府需要采取适当措施保证海洋捕捞量限制在 1998 年的水平，并在完成该目标后继续降低生产和捕捞水平。具有代表性的政策包括农业农村部近期发布的一项指令，其中要求到 2020 年全国压减海洋捕捞机动渔船 2 万艘、功率 $150×10^4$ kW，同时将国内海洋捕捞总产量控制在 $1\ 000×10^4$ t 以下。中国政府主要采用生产配额和规范渔具使用来实现这些目标。具体措施包括投入和产出控制措施，如许可证制度、渔船数量和功率限制（即"双控"制度）、船舶回购清退、禁捕区制度、渔网尺寸限制、渔获物最小尺寸限制、渔民转产转业计划以及渔业资源养护和栖息地改善项目等。Shen，Heino（2014）认为，这些措施对捕捞努力量的实际影响通常有限，其中以渔网尺寸规定和双控措施的效果最微。对于保护区制度，保护区划定的范围普遍较小，有关的监管监测力度不足，也缺乏对这一制度有效性的评估研究。同时，政府针对 100 种鱼类、贝类和甲壳类动物组织开展了大规模的增殖放流活动，但这一措施对渔业种群实际恢复效果的监测和研究仍然不足（Cao et al.，2017）。最近，中国政府正在针对特定物种开展限额捕捞试点项目，具体做法包括建立捕捞日志制度、渔船检查规定和海上观察员制度等一系列支持性的监测和执法制度（Huang，He，2019）。渔业法（2000 年修正）中规定了实施总可捕量管理制度，但是由于相关科学数据以及管理措施的不足，该制度在实施方面仍面临一定的挑战（Su et al.，2020）。海洋渔业限额捕捞试点项目于 2017 年开始实施，为地方政府提高信息数据采集能力、渔获量监测能力以及执法能力提供了实际操作的基础和经验借鉴的平台。目前的试点项目仅限于近岸无脊椎动物、日本鳗幼鱼等物种，项目的实施效果还有待评估。

中国另一项影响更广泛的渔业政策是自 1995 年以来实施的伏季休渔制度。这一制度旨在保护产卵亲体及幼鱼资源，但不同海域禁渔的持续时间不同。经过浙江省多年的实践后，国家自 1995 年开始在全国范围内全面实施伏季休渔制度，要求渤海、东海和黄海实行

2~3 个月的禁渔期，随后于 1999 年开始在南海实施。现行伏季休渔制度规定，每年从 5 月 1 日开始在所有海区统一开始休渔，禁止除钓具以外的所有作业渔具下海，某些海域的休渔期长达 4 个月以上。上述禁渔措施虽然可在休渔期内保护某些产卵群体和幼鱼，但每次休渔结束后出现的捕捞高峰往往抵消了短期保护的作用，并且在数月内就消除了禁渔带来的效益（Shen，Heino，2014）。多年来不断延长禁渔期限和扩大覆盖范围的政策趋势表明，政府对禁渔措施的依赖程度普遍过高，同时存在缺乏其他管理措施以及现行管理效率低下等问题。此外，这项政策每年将导致全国 20 万艘商业渔船闲置数月，期间渔业从业人员又很难在短时间内找到其他工作机会，因而产生较为显著的社会经济影响（Cao et al.，2017）。

因此，尽管自 1999 年以来实行了零增长政策以及后来的负增长政策，并且新增了众多渔业管理的政策制度，但总体而言渔民总数和船队的捕捞能力一直保持稳定增长的趋势（图 2.2）。1990—2010 年间，中国的捕捞船队和渔民数量增长了 3 倍（Shen，Heino，2014）。从图 2.2 可以看出，渔船总数近年来有所减少，但船队发动机输出总功率仍在逐年增加，这表明现有渔船的技术正在不断改进，更先进的大渔船正在逐步替代老旧的小渔船，所需要的船员人数也更多。上述发展变化主要体现在远洋渔业，而近海商业性捕捞渔业自 2000 年以来一直趋于稳定。尽管远洋渔获量占海洋总渔获量的很大比例（18%）且在不断增长，但近海渔船的过度投资给中国沿海水域带来的沉重捕捞压力，仍然是迫切需要应对的挑战。

中国的海洋捕捞补贴政策使得政府的产能削减目标变得更加复杂。2006 年，中央政府开始为包括渔业在内的农业生产提供补贴。在中国，渔业补贴的形式包括直接购买船只、捕捞就业和船舶保险、税收减免以及燃料补贴（Cao et al.，2017）。降低捕捞成本的政策刺

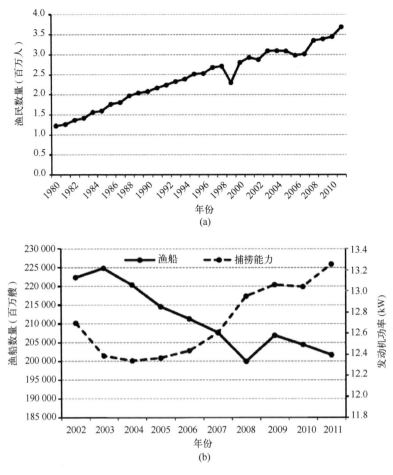

图 2.2 中国渔民总数和捕捞能力随时间的变化(Shen，Heino，2014)

(a)渔民总数；(b)捕捞能力(以渔船数量和发动机功率计)

激了更多的捕捞能力和捕捞努力量，这表明政府在渔业管理过程中，一时还难以在保护资源、保障就业和稳定渔民收入等几个方面取得平衡。与此同时，中国的补贴总额在短时间内急剧增加，从 2006 年的 8.1 亿美元增长到 2013 年的 65 亿美元，其中大部分资金几乎都用于燃油补贴(Mallory，2013；Zhang，Wu，2017)。尽管对国内商业渔业制定了产能削减目标，政府仍将相当一部分的燃油补贴分配给了近海捕捞船队。总体而言，政府补贴支出超出了中国海洋渔业总产值的 20%(Mallory，2013)。

非法捕捞渔具的使用和大量三无渔船(是指无船名船号、无渔船证书、无船籍港的渔船)的存在，使得中国政府在海洋渔业管理方面面临更加复杂的挑战。例如，2013 年，浙江省统计的在东海的总渔获量已达到 $300×10^4$ t(浙江省海洋与渔业局未公布的数据)，远超出政府制定的 $200×10^4$ t 的渔获目标，且其中并未包含三无渔船的捕捞产量；与此同时，浙江省的三无渔船数量则达到了 13 000 艘的峰值。相对于中国大量的渔民和渔船，执法人员数量的不足使得政府难以充分监测捕捞活动和合法渔船的渔获量，更难以侦查和惩治非法渔船。

2.4 社会和经济因素

社会和经济压力使得捕捞船队产能过剩的问题更加严重。对于没有其他生计选择的偏远贫困地区渔民来说，经济压力可能迫使他们以牺牲渔业长期的生产力和稳定性为代价来追求短期较大的捕捞产量。不受管制的渔业行业在发现有机会利用价格趋势或在供应链中建立牢固的地位以获取可观的经济利益时，也可能进行类似的取舍。这些选择最终会导致生态退化、经济损失和社会困境。不幸的是，这些不利的结果会导致渔民为了弥补损失而进一步增加捕捞产量，但这将造成进一步的环境退化，最终陷入恶性循环。

恢复和稳定渔业生产的解决方案从表面上来看似乎很简单：只需通过降低捕捞压力促进渔业种群的恢复，然后再以可持续发展的方式对恢复的种群进行捕捞即可。在渔获物种群丰度较高且渔业捕捞效率较高的情况下，即使相对较少的捕捞活动也能得到高收益和高利润。最近的一项全球分析也证实，尽管全球范围内已经出现众多因过度捕捞而濒危的物种，但即便是在这种情况下，资源恢复和可持续管理在未来仍可带来更高的收益和利润（Costello et al.，2016）。不过，非常现实的经济和社会压力常常使政府无法采取必要的行动来恢复渔业种群。如果采取积极的恢复行动，渔业行业可能会经历一段艰难时期，尤其是在没有其他补助政策来帮助他们渡过难关的情况下。虽然没有水产品提供的食物或收入可能对没有其他可行经济选择的渔业社区造成毁灭性的打击，但是如果渔业种群可以迅速恢复，那么这可能只是一个短期问题。此外可能还需要部分渔业从业者退出渔业，从而解决渔业产能过剩而导致的环境和资源衰退的问题，并维持渔业未来发展的可持续性。

虽然限时补贴在管理改革和种群恢复期间可作为维持渔业社区生存能力的一项有效政策，但这一措施通常会伴随着对渔业经济和生态可行性的损害（World Bank，2009）。就目前的政策实施情况来看，中国渔业补贴政策暂时没有出现类似的问题。但是，中国财政部（MOF）和农业部于 2015 年指出，自 2006 年以来实施的渔船燃油补贴政策与减少捕捞船队规模和限制捕捞量的政策背道而驰。因此，中央政府宣布，到 2019 年燃油补贴将降至 2014 年补贴水平的 40%（财政部，农业部，2015）。这项政策变化的实际影响尚不清楚。

在浙江省努力恢复东海渔场的"三打一整治"行动中，渔民转产转业是最重要的一项措施。由于 75% 的渔民是传统渔民，可选择再就业的机会较少，因此这一政策的执行较为困难（Su et al.，2020）。一些失业的原商业船队船员在休闲渔业领域找到了新的就业机会，而其他人则加入了远洋捕捞船队。但是，中国许多渔业产业与沿海地区的其他产业一样雇用了大量的农民工。以浙江省为例，当地渔业产业中有 30% 的渔民来自其他省份。一方面，福利政策一般仅适用于本省常住居民，因此重新安置计划并不能满足捕捞船队中所有从业人员的社会和经济需求；另一方面，福利计划通常不适用于可能仍需要收入来供养其家庭的中年或老年渔民。

2.5 科学技术的挑战

缺乏科学评估的渔业更容易陷入衰退和崩溃的境地（Costello et al., 2012）。这或许意味着中国的许多海洋渔业种群可能确实正处于不良状况。目前，在总渔获量基本保持不变的情况下，中国国内的捕捞船队仍在继续保持增长，这一数据趋势表明渔获物种群实际上正在减少，因为只有通过增加捕捞船队的数量，总渔获量才会保持不变。然而，有限的渔业资源评估以及目前存在的渔业信息数据质量和可用性等问题，使得我们无法对中国面临的过度捕捞问题进行严谨而全面的评估。

通常，可靠的渔业科学认知与完善的渔业政策是相辅相成的：政策可以满足渔业科学的发展需求，而渔业科学可以提高政策的可行性和有效性。例如，确定明确的政策目标、指标和捕捞限额以及实施风险管理的具体方案，均需要科学的渔业数据支持，这样才能为政府和科学家提供明确的工作重点；而政策需要考虑管理的适当空间尺度，并了解影响渔业管理决策和受政策影响的生态系统因素。中国一直在不断强化海洋渔业管理和相关的国家政策，但强化管理仍难解决20世纪中叶后中国渔业显著增长所积累的过剩产能和环境影响，其中一个重要原因是我们缺乏渔业科学发展与渔业政策完善之间的相辅相成。

中国的渔业科研机构在全球享有很高的声誉，研究人员也发表了大量重要的科研成果。这些强大的科研团队本应能帮助政府应对其渔业管理挑战，但由于结构性障碍不必要地将科研人员和学术机构隔离开来，导致科研能力并未得到充分利用。渔业调查数据的公开和共享极为有限，大部分科学数据仍然归开展调查的单位所有，因而限制了更多创新性研究和建立在大量数据基础上的更加有效的种群评估。事实上，数据共享有利于加强科研院所之间的协作，从而提高支持渔业管理的技术分析的总体质量和数量。

当结构性障碍被消除，各个机构之间实现了数据共享和富有成效的协作，中国的渔业评估将会像输入模型进行分析的数据一样更加真实可信。在渔业管理计划中，每一种群总渔获量的准确数据以及不同渔具、不同季节或地区、不同生活史阶段的高分辨率渔获数据，对渔业管理来说都是非常重要的（Boenish et al.，2020；Kritzer，2020）。不幸的是，渔获量监测不足导致这些数据的质量通常较差，甚至根本无法获得相关数据。因此可以说，改善渔获物监测与改善海洋生态环境一样，是中国渔业管理面临的两个最重要的挑战。在启动渔业数据和信息长期连续采集的同时，中国也可以尝试利用现有或近期数据，以基于有限数据的种群评估（data-limited stock assessment，DLSA）方法来强化过渡期的渔业管理。

渔业监测的重要性不仅体现在其科学效益上，还体现在其对于渔业执法和捕捞行为的影响上。随着渔业监测的加强，可供选择的管理策略将会增加，其有效性也将不断提高。例如，全球渔业管理经验证明了通过将配额分配给个人、渔船、社区、合作社或其他实体的总可捕量（TAC）管理，是一种较为高效的渔业管理策略（Costello et al.，2008）。但是在缺乏有效监测的情况下，这一管理制度可能会鼓励未经报告丢弃渔获物的行为，从而导致管理人员根据错误的数据进行评估和制定管理目标。一直以来，由于渔业监测不足以支撑产出控制管理，中国主要依靠投入控制措施。其中一些措施虽然带来了重要的环境和资源效益，但它们不能解决中国所有的渔业管理需求,并且在某些情况下导致管理效率低下并加剧了渔船和社区的社会经济压力。令人欣慰的是,中国目前已在部分省份启动了海洋渔业限额捕捞试点项目,其中一些试点项目将渔获量监测列为重点内容。

由于中国海洋生态系统的生物多样性高、非选择性捕捞渔具的使用以及缺乏对单个物种渔获的限制性规定,中国的海洋渔业属于多鱼种捕捞渔业。中国消费者对海鲜的选择也很广泛,因此捕捞船队进行选择性捕捞的市场压力较小。多样化的渔获组合可以通过均匀地分散对不同营养级物种的影响来创造生态效益(Garcia et al., 2012)。但是,进行多鱼种渔业的可持续管理,对科学机构之间的协作以及数据的准确性和有效性都提出了更高的要求。此外,政府还需要通过开发新的科研工具和管理策略来避免生态系统退化。渔业科学研究与捕捞渔业生产密切合作,确保获得产业的支持,并利用其独有的渔业知识进行查漏补缺,将有助于测试和应用这些新的监测、科研和管理方法。

2.6 小结

作为世界主要的捕捞渔业和水产品贸易大国,中国的渔业管理对全球环境、经济和社会各方面均产生了重要影响。中国的渔业发展史与许多国家类似,迅速且不受管制的行业发展导致了严重的渔业资源枯竭,环境污染、城镇发展和其他环境问题进一步加剧了这种情况,而相关的管理工作滞后,难以应对这一巨大挑战。在面对这些挑战的过程中,中国的环境政策法规不断加强,在渔业管理领域取得了明显进展。中国拥有世界一流的科学基础设施来支持政策的转变,但这些资源需要更有效的协调和动员。气候变化(请参见第

6 章）提出了新的挑战，持续的科学技术发展和创新可帮助我们快速有效地追踪并应对这些影响。增加相关行业的参与有助于保障科学、管理和技术的融合，改善海洋渔业领域的经济和社会效益，进而对保护中国特有的海洋自然遗产发挥关键作用。

3 栖息地和生物多样性

中国已经认识到海洋栖息地的重要性，并开始加大对海洋栖息地的保护力度。正如3.4节中进一步讨论的那样，保护工作将受到严格政策要求的驱动，同时政府也为许多重要沿海地区和海域的监测、研究、保护和修复项目提供支持。目前，海洋栖息地保护工作尽管取得了一定进展，但仍面临重大挑战，总体管理成效十分有限。其中最严峻的挑战是政策架构依旧存在缺陷，难以建立强大、清晰和全面的治理体系，加上薄弱的技术基础，共同阻碍了现有政策的有效实施及更强有力的政策的制定。

3.1 中国海岸带–近海生态系统的健康状况

中国拥有辽阔的海域和漫长的海岸线，海岸线长度超过3.2×10^4 km，包括1.8×10^4 km的陆地岸线和1.4×10^4 km的岛屿岸线(周云轩等，2016)，跨越不同温度带和不同地形地质区域，因而具有滨海湿地类型丰富、生物多样性高的特点。中国的滨海湿地生态系统主要包括河口、滩涂、红树林、珊瑚礁、海草床等。根据第二次全国湿地资源调查结果，截至2013年，中国共有滨海湿地5.80×10^4 km^2，约占全国湿地总面积的10.85%(图3.1)。滨海湿地主要分布在辽宁、河北、天津、山东、江苏、上海、浙江、福建、广东、

本章主要作者：曹玲，刘侃，王子涵，程朔，曾旭，曾聪，刘慧，赵海珊。

广西和海南等11个省级行政单位，其中山东和广东滨海湿地面积最大，共占全国滨海湿地总面积的37.55%（Sun et al., 2015）。从地域上看，中国滨海湿地以杭州湾为界，分为杭州湾以南和以北两个部分。在杭州湾以北的区域，山东半岛东北部和辽东半岛东南部为基岩性海岸，其余多为砂质和淤泥质海岸，主要包括环渤海区域和江苏沿岸的浅海滩涂湿地；而在杭州湾以南则以基岩性海岸为主，主要河口及海湾有钱塘江-杭州湾、温州湾、晋江口-泉州湾、珠江口河口湾和北部湾等。热带珊瑚礁主要分布在西沙群岛、南沙群岛和海南岛及台湾岛沿海区域，天然红树林则主要分布在北至福建省、南至海南省的沿海滩涂以及台湾西海岸区域（Niu et al., 2009）。

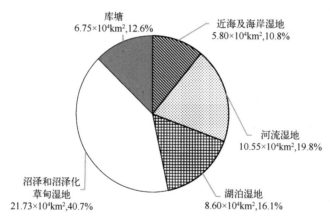

图 3.1　中国不同类型湿地的面积和占比

（国家林业和草原局，2018）

滨海湿地是中国沿海地区经济社会可持续发展的重要生态屏障。滨海湿地生态系统具有净化水质，防洪减灾，减缓风暴潮和台风危害，提供优良的自然环境，保护沿岸密集的城镇和村庄、基础设施和人民生命财产安全等诸多功能。例如，红树林不仅具有森林生态系统的一般功能，还可以抵御风暴潮、海啸等自然灾害，防止海岸侵蚀，增加碳汇等。虽然滨海湿地面积不足中国生态系统总面积的

1%，但其每年提供的生态系统服务价值高达约 2 000 亿美元，占中国所有生态系统服务价值总量的 16%（Ma et al.，2014）。有研究表明，中国滨海湿地每增加 1 km²，风暴潮造成的损失将减少 1 268 万美元(Liu et al.，2019)。同时，海岸带的潮间带和近海水域是鱼类的重要繁育场所和维持海洋鱼类生物多样性的关键区域，为野生鱼类和无脊椎动物重要的觅食、产卵、育幼和越冬场所，也是中国实现蓝色经济和海洋渔业可持续发展的基础。中国的沿海地带为20 000 多种海洋生物提供了栖息地，其中包括 3 000 种鱼类。2018年，中国近海养殖和捕捞海产品总量 3 074.68×10⁴ t。此外，中国的滨海湿地也为东亚-澳大利亚迁徙路线上超过 240 种、总数达数百万只的迁徙水鸟提供了栖息地。

滨海栖息地是生态敏感区，也是生态保护的薄弱环节。近年来，由于受海平面上升加剧、环境污染、外来物种入侵、海岸带围垦等自然和人为因素的影响，中国滨海湿地受到的威胁日趋严重，沿海和海洋生态系统不断退化，给沿海城市带来巨大的生态威胁和环境风险。从 20 世纪 50 年代以来，中国共损失了 8.01×10⁴ km² 滨海湿地、1.93×10⁴ km² 红树林和 5 650 km² 盐沼，损失率分别为 58%、40% 和74%（表 3.1，图 3.2）（Blomeyer et al.，2012；Ma et al.，2014）。根据全国湿地资源调查显示，在 2003—2013 年间，中国滨海湿地面积减少了1.4×10⁴ km²，消失速度比内陆湿地高 2.4 倍，是各类湿地中消失最快的。其中，渤海湾、长江三角洲和珠江三角洲滨海湿地的消失速度尤为显著。不仅如此，中国海岸线受到的人为干扰较为严重，目前自然岸线仅占 30%(图 3.3)。在过去的 20 年里，中国筑起了累计长达 11 000 km 的海堤，超过古长城的长度(Ma et al.，2014)。截至2010 年，中国南海近海环礁和群岛的珊瑚覆盖率已从 60% 以上下降至 20% 左右(Hughes et al.，2013)。栖息地的丧失可能导致相关生态系统功能和服务的退化，并最终增加赤潮和绿潮暴发的风险，还会放大洪水和风暴等自然灾害的影响。据估计，中国滨海湿地丧失造成的年经济损失额约为460亿美元(An et al., 2007)。

表 3.1 中国典型近海栖息地面积

类型	年份	面积(×10⁴ km²)	参考文献
红树林	1950—2020	见图 3.2(b)	Qiu(2011)；Sun et al.(2015)；傅秀梅等(2009)
盐沼	1950—2015	见图 3.2(c)	Yang(1995)；罗敏(2019)
海草床	2013	8.765 1	郑凤英等(2013)
珊瑚礁	2013	6.460 8	《中国林业统计年鉴 2013》

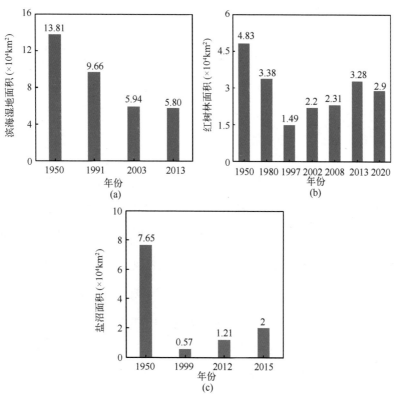

图 3.2 中国滨海湿地、红树林和盐沼面积变化

(a)滨海湿地；(b)红树林；(c)盐沼

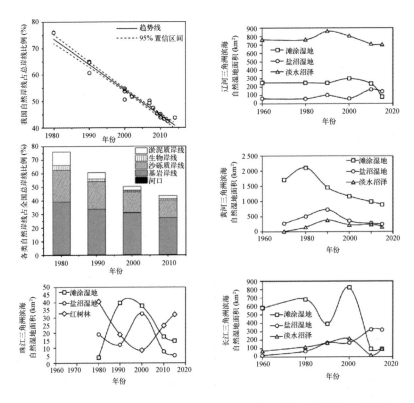

图 3.3　中国自然岸线长度的变化情况以及四大三角洲自然湿地面积变化

　　事实证明了上述推断。近十年来，中国沿海水域平均每年发生 55 次赤潮，从海域分布来看，东海发生赤潮次数最多且累计面积最大（表 3.2）；而对经济影响更大的绿潮主要发生在黄海（图 3.4），仅在 2008 年，绿潮造成直接经济损失就达到 13 亿元人民币（Qiu，2011）。一些海洋生态系统，特别是在渤海和黄海北部，已经严重退化并且出现季节性缺氧（Gao et al.，2014；Zhai et al.，2019）。辽东湾、渤海湾、胶州湾、长江口、杭州湾、闽江口和珠江口也发生了明显的富营养化情况。这些问题相互叠加，对鱼类和其他海洋生物的生存产生了不利影响。

表 3.2　2019 年中国各海域发现赤潮情况统计

发现海域	赤潮发现次数（次）	赤潮累计面积（km²）
渤海	2	0.28
黄海	2	5
东海	31	1 974
南海	3	12
合计	38	1 991.28

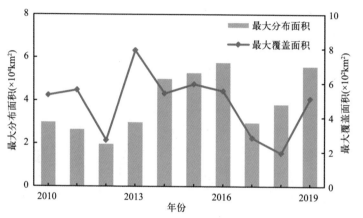

图 3.4　2010—2019 年中国黄海海域浒苔绿潮发生情况

（自然资源部，2020）

3.2　生物多样性减少

中国具有丰富的海洋生物资源，目前已知的海洋生物超过 2.8 万余种，约占全球已知海洋生物总数的 12%~15%。根据 2018 年海洋生物多样性监测的结果，中国管辖海域有大型底栖生物 1 572 种，浮游动物 686 种，浮游植物 718 种和造礁珊瑚 85 种（表 3.3，图 3.5）。中国海域的珊瑚礁生态系统具有高度的生物多样性。南海北部生活着 200多种硬质珊瑚，约占全球该类物种总数的 2/3。这些珊瑚主要分布在海南和台湾南部沿海以及东沙、西沙和南沙群岛（Liu，2013）。

表 3.3 2018 年中国管辖海域内的物种数

单位：种

海域	浮游植物	浮游动物	大型底栖生物
渤海	171	85	286
黄海	212	113	305
东海	468	439	699
南海	486	505	972

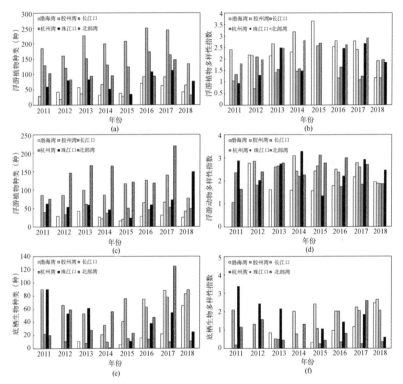

图 3.5 2011—2018 年中国海洋生物多样性状况(《中国近岸海域环境质量公报 (2011—2017)》和《2018 年中国海洋生态环境状况公报》)

(a)~(f)分别表示 2011—2018 年间中国部分重要海湾(渤海湾、胶州湾、长江口、杭州湾、珠江口和北部湾)的浮游植物种类数、浮游植物多样性指数年平均值、浮游动物种类数、浮游动物多样性指数年平均值、底栖生物种类数和底栖生物多样性指数年平均值。

数据来源：2011—2016 年中国近岸海域环境质量公报(2012,2013,2014,2015,2017,2016)、2017 年中国近岸海域生态环境质量公报(2018)和 2018 年中国海洋生态环境状况公报(2019)

　　虽然近十年来中国的海洋生物多样性总体上处于相对稳定的状态(图 3.5),但相较于 20 世纪中叶,生物多样性已表现出明显的下降趋势。一方面,中国海洋营养级指数波动下降,发生了显著变化(杜建国等,2014):截至 1997 年,中国海洋营养级指数下降幅度为 7.18%,此后近 15 年,又平稳回升至 3.34,但仍低于 1974 年及之前的 3.45,同时也低于全球平均指数(图 3.6)。海洋营养级指数的下降表明中国海洋生物多样性和海洋生态系统完整性有所降低,主要渔获物由原来的长寿命、高营养级的底层鱼类变为现在的短寿命、低营养级的无脊椎动物和中上层鱼类。另一方面,在某些区域物种丰度和分布也发生了显著变化。以胶州湾东海岸的某滩涂为例,在 1935—1936 年间共发现以软体动物和甲壳动物为主的底栖无脊椎动物 34 种,之后近 30 年的时间里,随着科学调查和研究的深入,该区域内物种组成和丰富度均有所增加,并在 1963—1964 年间达到 141 种(甲壳动物 52 种、多毛纲 41 种、软体动物 40 种、棘皮动物 3 种,其他种类 5 种);20 世纪 70 年代以后,严重的工业污染和沿海开发给当地的潮间带环境带来了巨大的变化,生物多样性也受到影响,1989 年之后在该区域再没有发现活的底栖动物(Liu et al.,1983;

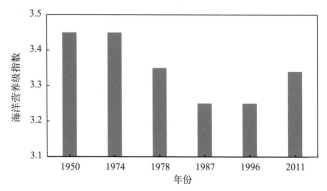

图 3.6　1950—2011 年中国海域海洋营养级指数变化

(杜建国等,2014)

Briggs，1974；Schram，2010)。而在整个胶州湾的潮间带地区，据不完全统计，底栖生物由20世纪60年代的120种减少至目前的20种左右。此外，近50年来，黄海中央海域占据主导地位的冷水物种（如大寄居蟹等）的种群数量不断下降，表明这一区域的典型冷水底栖生物群落组成和分布也面临衰退的境地(Liu，2013)。

3.3 海洋栖息地破坏和生物多样性下降的原因

由于人为和自然因素的双重影响，中国滨海和海洋生态系统面临极大的威胁。为保障沿海海洋生物资源的可持续利用，应系统分析造成海洋栖息地破坏和生物多样性下降的主要原因及存在的挑战，并进一步重点关注海洋栖息地和生物多样性的科学化管理。

中国沿海地区是经济社会发展最为活跃的地区。沿海地区的人口约占全国总人口的40%，大城市数量约占全国的50%以上，国内生产总值约占全国的60%。近年来，中国海洋生产总值占国内生产总值的比重从1996年的1.9%提高到2018年的9.3%(He et al.，2014)，沿海地区的迅速发展导致了严重污染，对滨海栖息地和海洋生态环境造成了巨大的压力。污染源主要来自于陆源污染，主要包括生活与工业废水和废弃物、农业用化肥和农药以及高密度的水产养殖等。各种来源的废水和固体废物通过直接排放到海洋或通过河流系统向沿海海域输送，严重污染了沿海地区(表3.4)。自20世纪90年代初以来，中国沿海地区的污染物每年增加约 1.1×10^9 t，其中90%以上的污染物由河流输入(Xu，Zhang，2007)。因此，中国江海交界处的污染程度较高，普遍超过《污水综合排放标准》GB 8978—1996或《城镇污水处理厂污染物排放标准》GB 18918—2002 的规定，其中长江口和珠江口的主要污染物(COD、营养盐、石油、重金属和砷)明显高于其他典型河口。

表 3.4 2018 年中国管辖海域呈富营养化状态的海域面积(km²)

海区	轻度	中度	重度	合计
渤海	3 220	660	370	4 250
黄海	9 240	4 630	310	14 180
东海	7 960	10 030	11 740	29 730
南海	4 170	2 590	1 760	8 520
管辖海域	24 590	17 910	14 180	56 680

此外，在环渤海湾和珠江三角洲城市群区域，超过 60% 的滨海湿地面积受到高等强度或中等强度的污染物输入影响，长江三角洲城市群区域受影响的滨海湿地面积达 44.7%(王毅杰等，2013)。20世纪 60 年代以来，由于城市人口的迅速增长，粮食消费量急剧增加，刺激了传统土地类型向农场和海水养殖场的转变。因此农业面源污染正在成为滨海湿地污染的一个重要因素。在一些农业生产规模较大的地区，沿海水体中的营养盐含量在过去 20 年中增加了十多倍，其中 50% 以上来自于分散的农业活动(Cao et al., 2003)。以福建省的九龙江地区为例，自 20 世纪 80 年代中期以来，该区域沿海水域受到富营养化和底栖藻类过度生长的负面影响，其中 60.9% 的总氮直接来自农业活动。水体污染既会通过影响近岸生物的繁育，增加海洋生物对疾病的敏感性，从而削减海洋生物多样性，也会通过影响栖息地的植被，对滨海湿地的生产力和生物的栖息生境产生不利影响。

过度的海岸带围垦活动是中国沿海和海洋生态系统面临的主要压力之一。改革开放以来，东部沿海地区进入了快速城市化的阶段，经济、人口的快速增长带来城市生存空间压力，产生巨大的土地需求，推动了城区的迅速扩张。此外，沿海地区需要建设大量港口、码头以应对巨大的贸易吞吐量，钢铁、石化、造船、火电、核电等重工业的向海转移也需要更多的土地来建设厂房，伴随产生的土地需求主要通过大量围垦滨海湿地来满足。1985—2010 年间，中国共有 7 547 km² 滨海湿地以每年 5.9% 的增长速率被围垦，之后 5 年又有约 500 km² 的沿海区域被填（He et al.，2014）。围填的滨海湿地主要用于海水养殖、农业和工业用途（图 3.7）（Cao et al.，2017）。

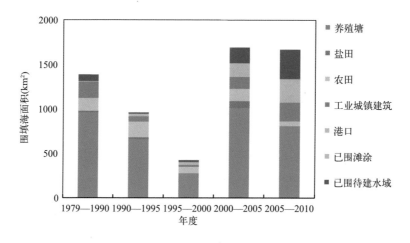

图 3.7　1979—2010 年中国围填的滨海湿地面积及用途

　　黄海生物多样性丰富，是重要的渔场所在地，也是候鸟的重要停留地，但自 20 世纪 80 年代初以来，围填海导致这一地区丧失了 35% 的潮间带，围垦面积最大的是位于黄海南部的江苏和上海的沿海地区。此外，中国沿海大部分潮间带和浅海海域现已被海水养殖池塘和网箱占据，渤海周边地区尤为严重。沿海地区无节制的开发和岸线改造会对典型的沿海和海洋生态系统造成如下影响：①海岸侵蚀或泥沙淤积；②水交换能力不足和水质恶化；③生态系统功能和结构的退化和丧失；④景观资源遭到破坏。截至 2012 年，中国有超过 30% 的原生砂质海岸遭到开发活动的破坏，超过 60% 的沿岸沙坝、海岸潟湖等地貌景观被损毁（He et al.，2014）。土地围垦会破坏滨海湿地这一自然生态屏障，这就意味着需要通过建造防波堤等特定构筑物来抵御风暴潮等海洋灾害。然而，这些工程建设有可能改变滨海生态系统的原始自然演化和生物地球化学过程，直接或间接地影响其结构和功能，进而破坏滨海栖息地和生物多样性。

随着沿海地区人口的迅速增加，海洋生物资源的过度开发和利用也是导致海洋栖息地和生物多样性遭到破坏的主要原因之一。一方面通过普通网具，尤其是拖网、绝户网和泵吸船进行的过度捕捞和破坏性捕捞，既有可能导致近岸渔业资源严重退化，也可能会改变生态系统的结构、功能和性质。1980—1996 年，中国近岸渔业年度规模由 2.81×10^6 t 增加到 11.53×10^6 t，增长率为 310.32%。自 1994 年以来，近岸捕捞量连续多年大幅超过可捕量（8.00×10^6 t）（图 3.8）（卢秀容，2005）。虽然近年来渔获量总体上趋于稳定，但主要捕获鱼种已从大型高价值鱼种急剧转变为小型低价值鱼种（Sun et al.，2015）。不仅如此，Chen 等（2011）的研究表明，过度的渔业活动会导致近海食物网结构的变化，在破坏海洋生物多样性的同时改变生态系统的结构和功能，这会降低沿海生态系统的稳定性，反

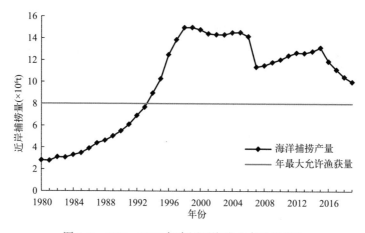

图 3.8　1980—2018 年中国近海渔业产量的变化

（卢秀容，2005；农业农村部渔业局，1980—2018）

过来又会进一步破坏生物多样性。

另一方面，大规模的海水养殖也会对沿海和海洋生态系统造成压力，并降低野生鱼类的丰度和底栖生物的多样性。近年来中国海岸带地区养殖业蓬勃发展，以海南省为例，其 1 822.8 km 自然岸线中有 362.2 km 养殖区岸线，占比达到 19.9%（周云轩等，2016）。海水养殖业的发展带来了经济效益，但水产养殖区的扩大不断压缩海岸带自然湿地空间，导致滨海栖息地面积萎缩和碎片化，造成栖息地的退化和景观审美价值的弱化。

外来物种入侵和海岸侵蚀对海洋生态系统健康状况的影响也不容忽视。海水养殖引进外来物种，由于自然灾害和管理疏忽等导致它们进入中国近海自然生态系统中，也可能对海洋生态带来负面影响。中华人民共和国成立以来，中国先后从国外引进了上百种水产养殖新品种，其中不乏常见的海水养殖品种如红鲍（*Haliotis rufescens*）、海湾扇贝（*Argopecten irradiance*）、巨藻（*Macrocystis pyrifera*）、大菱鲆（*Scophthalmus maximus*）等。这些物种如果发生逃逸，不仅可能因为适应能力强和缺少天敌而直接淘汰本土物种，还有可能与本土物种进行杂交造成基因污染。目前，约有 26 种海洋经济物种（鱼类、贝类和虾类）和 3 种水草被引入中国沿海地区（Cao et al.，2007）。其中 3 种典型的入侵物种[空心莲子草（*Alternanthera philoxeroides*）、互花米草（*Spartina alterniflora.*）和凤眼莲（*Eichhornia crassipes*）]每年造成的经济损失约 2 000 万美元。互花米草最早于 1979 年引进，2003 年已被列入中国首批外来入侵物种名单。由于其具有耐盐、耐淹、抗逆性强、繁殖力强的特点，自然扩散速度极快，目前在辽宁等 10 个省（区、市）均有分布，其中江苏、上海、浙江、福建地区占总分布区的 94.13%（$3.44×10^4$ hm²）（Zuo et al.，2012），导致中国的滨海湿地，尤其是渤海湾以南的众多滩涂湿地退化严重。

自 20 世纪 60 年代以来，中国海岸带侵蚀的范围和程度不断扩大，导致海岸湿地发生不可逆转的变化，严重影响中国沿海生态系统的稳定。据统计，中国 1/3 以上的海岸线，包括约 70% 的砂质海岸以及大部分开阔水域的泥滩和珊瑚海岸遭到侵蚀(Liu et al., 2020)。自 2014 年以来，南方海岸线侵蚀比北方更为严重(图 3.9)。

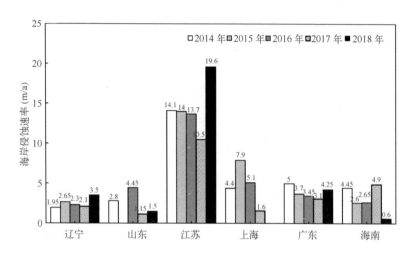

图 3.9　2014—2018 年辽宁、山东、江苏、上海、广东和海南的海岸侵蚀率

[《中国海洋灾害公报(2014—2018)》]

3.4　海洋栖息地和生物多样性管理中的问题

为实现海洋栖息地和生物多样性的科学管理与合理利用，中国政府采取了一系列的措施，包括制定政策、行动计划、规划、法律法规等，并取得了一定的进展与成效。当前已形成以宪法为根据，以环境保护法、海洋环境保护法为基础，以渔业法、水法等为主体，以国务院制定的防治陆源污染物污染损害海洋环境管理条例、自然保护区条例、海岛保护法等行政法规为细化补充的海洋保护制度体

系。然而，相对于滨海栖息地和海洋生物多样性保护的实际需要来说，已有的制度体系尚不成熟，保护成效与理想目标还存在极大的差距，实际工作中存在的以下问题也阻碍了保护行动的开展。

3.4.1 海洋生物资源综合管理法律缺失

(1)海洋生物资源具有经济价值和生态价值的双重属性。从现行的相关法律来看，中国尚未充分认识到、更没有充分评估健康的栖息地和生物多样性对于维持和恢复海洋生物资源的重要性，也未能明确海洋生物资源的广泛价值(经济价值、生态价值和社会价值)。虽然现行制度在限制滨海湿地大规模围垦和污染方面发挥了重要作用，但在生态保护方面仍有不足，以新修正的《中华人民共和国海洋环境保护法》为例，该法加大了对污染行为的处罚力度，在 10 章 97 条条例中"污染防治"共占 5 章 44 条，而"海洋生态保护"仅占 1 章 9 条，不足总条目的 10%。令人欣慰的是，"十三五"规划及 2018 年国家宪法修正案皆高度重视生态文明的建设，为制定与海洋生物资源综合管理相关的国家立法奠定了基础，但具体的制定工作尚未正式启动。

(2)现有立法缺少系统性和整体性。由于立法体系主要是按自然要素进行分类，中国关于滨海栖息地和海洋生物多样性保护的法律不能很好地将生态系统整体的生态功能、结构有机联系在一起，在立法过程中人为地割裂了生态系统的完整性，既没有识别维持生态系统功能和价值所必需的种群和区域，也缺少对保护或恢复某些种群和海域自然生态条件的确定。因此，基于生态系统综合管理的思想，制定一部以海洋生物多样性的生态价值保护为立法目的统一、协调的综合性海洋资源保护法律，以统领现行关于海洋栖息地和生物多样性保护的单行法，是相当有必要的。

（3）立法尚有空白。除了综合性的基本管理政策之外，某些专门领域的政策缺失也影响着中国海洋生物资源的保护。在外来物种入侵方面，多年来中国引进了大量的水产养殖品种，例如大菱鲆（*Scophthalmus maximus*）和凡纳滨对虾（*Litopenaeus vannamei*）等高品质种类。这些种群并未经过严格的生物安全检测，也不清楚其是否会引发生物入侵问题。而作为水生饲料种群引入中国的大米草（*Spartina* spp.）则确实成为了许多海岸地带的入侵物种。虽然渔业法和卫生防疫法中有关于引进外来物种相关规制的原则性规定，但缺乏操作性、实践性强的实施细则。另外，对外来物种的预防、引进、治理等环节进行全面的监测、评估和控制尚嫌不足。此外，气候变化不仅会通过直接或间接的方式影响海洋生物生产力和分布（Gaines et al.，2018），还会影响各个行业的管理，从而对整个管理体系产生影响，这就要求我们充分认识到政策的时效性，并在制定新政策时将这些影响考虑在内。

（4）补偿制度尚不完善。目前对于海洋生物多样性的保护中，建立海洋保护区是最为常见的方式。虽然这一方式对于典型的或重要的生态系统和生物物种的保护发挥了积极作用，但其本身与当地居民为了生存发展而开发利用海洋生物资源的行为相冲突。同时，在具体实践中，破坏沿海和海洋生态系统及生物多样性的行为屡禁不止，因此对受损的海洋生态要素及其功能本身予以补偿，以抑制进一步的恶化和破坏，是急需解决的议题。《中华人民共和国海洋环境保护法》中已经明确指出国家承担构建海洋生态保护补偿制度的义务，常见的海洋生态补偿方式主要有对转产转业渔民的资助补助、征收倾倒费和排污费以及增殖放流、休渔禁渔、投放人工鱼礁等。虽然这些制度已取得了一定的成效，但在具体实践中仍然暴露出许多问题（何跃军，陈淋淋，2020），如：现有财政补贴是否足以弥补渔民的转产转业需求，所收取的排污费是否可以有效防止海洋生态环境污染以及如何使用和分配所收取的排污费等。

3.4.2 监管不足

模糊和冲突的管理权限会导致决策失效或效率低下。虽然中国海洋栖息地和生物多样性相关的新条例一直在制定，但它们都散落在各项法律法规和规范性文件中，彼此之间缺乏系统性和连接性，会造成不同单行法之间在法规内容上的重叠和冲突（Wang et al., 2008），这些冲突又导致具体管理上的困难。此外，海洋栖息地和生物多样性的保护和管理涉及多个部门，不同部门的利益诉求往往存在差异，在具体实践中也会从不同的角度和方向进行管理，这就阻碍了各方关系的协调和责任的分配，最终导致海洋栖息地和生物多样性保护中面临的问题不能及时、合理地解决，近年来国家也在积极采取措施改善这一问题。例如，在中国海洋保护地建设管理中长期存在交叉重叠、多头管理等问题，与新时代发展要求不相适应。为了使这些问题得到有效解决，《建立国家公园体制总体方案》中提出建立统一事权、分级管理体制，即在国家公园设立后，整合组建统一的管理机构来履行国家公园范围内相应的管理职责和必要时的资源环境综合执法职责（根据实际情况授权）。

此外，公众认知和资金支持也是影响海洋生态保护和恢复工作的重要因素。近十年来，中国滨海湿地保护教育和研究逐步加强，但仍存在一些问题。一方面，公众对海洋生物资源具有的价值和面临的威胁认识有限，这意味着民间社会较难对保护工作进行明确支持并做出有效贡献。另一方面，中国滨海栖息地和海洋生物多样性的保护主要依靠国家财政支持，这是因为地方政府既面临着当地财政支持来源有限和不稳定带来的压力，又尚未搭建高效的投融资公共平台来吸引社会资本参与。单一的资金来源不仅会给国家财政带来巨大的压力，其投入量也远远不能满足目前严峻的保护形势和巨大的需求；此外，在具体实践中，所投入资金的使用公开透明程度有待提高。这些会产生一系列不良后果(如科研进展缓慢、基础建设落后、保护能力缺失等)，对于海洋栖息地的恢复治理和生物多样性的保护都是严重的阻碍。因此，面对资金来源单一的问题，国家应当建立更高效的资金支持机制，如构建长期和多元化的融资平台、将生态建设资金列入各级人民政府的预算等，只有在经济上无后顾之忧，才能在滨海栖息地和海洋生物多样性的保护工作中做到更好。

3.5 栖息地和生物多样性综合保护的技术挑战

由上可知，影响中国沿海和海洋生态系统的因素并不是唯一的，因此，对栖息地和生物多样性开展综合保护就需要考虑更多的影响因素和保护效果，这就意味着其技术基础更加复杂。由于许多海洋生物资源的价值无法与海产品销售收入一样进行直接量化，使保护的投入产出更加难以衡量。例如，在大多数情况下，渔业产量增加10%并不代表野生动物物种丰度和旅游收入各增加10%。生态保护措施对栖息地和生物多样性的影响及其产生的价值都具有不确定性、非线性和相互作用复杂的特征，而监测不足、理论研究不够和标准缺失等问题则是目前面临的主要挑战。

目前，调查监测不足是海洋生物多样性保护面临的最重要的困难。为了弥补现存的数据缺口，逐步实现中国海洋栖息地和生物多样性的整体保护、系统修复和综合治理，就必须构建相应的调查监测体系，2020 年颁布的《自然资源调查监测体系构建总体方案》提出构建以自然资源分类为核心的调查监测标准体系和以遥感监测为主要手段的技术体系。这是因为，自然资源分类是开展海洋栖息地与生物多样性管理的基础和开展调查监测工作的前提，而遥感技术因其覆盖面积大、数据更新周期短、空间分辨率高等特点，在海洋资源监测中具有明显的优势；在体系构建的前提下，为了掌握中国海洋栖息地和海洋生物资源的现状（种类、数量、质量、空间分布等）及其保护利用情况，需要对海洋资源状况进行全面的调查。

中国在湿地监测方面也付出了极大的努力，在 1995—2003 年和 2009—2013 年分别进行了第一次和第二次全国湿地资源调查。不过，在经济和社会快速发展的背景下，这种周期性的监测已经不能满足湿地生态的监测需求。因此，在掌握了海洋自然资源本底数据基础上，还应当监测其动态变化，以及时掌握人类活动或其他因素引起的变化情况，实现"早发现、早制止、严打击"的监管目标。此外，国内目前尚未建立完备的滨海栖息地保护信息共享平台，主要利益相关方（各级政府湿地主管部门、保护地管理单位、从事滨海栖息地监测研究的高校和科研院所、相关的国内外非政府组织等）缺乏必要的对话、交流与合作，现有监测数据的公开程度较低。为了解决这一问题，需要对上文提到的数据进行标准化整合，建设调查监测历史数据库，以实现数据成果的网络调用，促进更多创新性研究的开展以及技术分析数量和质量的提高。

在解决了数据监测和数据共享问题的基础上，只有真正将监测获得的数据应用到实际研究中，才能更好地完成保护和恢复工作。近十年来中国已经实施了大量的海岸带初步恢复工程并取得了一定的成效，截至 2018 年 12 月底，已有 156.6 km 海岸线上的

35.49 km²滨海湿地得到恢复，部分典型沿海生态系统如红树林、海草床和珊瑚等形成了更稳定的生物种群(Liu et al., 2020)。但总体来说，中国有关海洋生态恢复的理论和技术研究不足，恢复工作往往局限于引进物种、移除入侵物种、净化水质、移除养殖场和改善水文条件等(Liu et al., 2016)。这些生态修复工程在生态系统层面的考虑上仍有所欠缺，作为沿海生态系统演进基础的最新生态原则往往没有得到采纳，部分项目没有准确界定需要解决的生态系统问题的类型，也缺乏关于滨海湿地生态退化原因的研究，因此未能针对不同程度退化的生态系统采取有针对性的措施。此外，滨海湿地保护方面的国际合作尚不深入，在沿海栖息地保护和生物多样性恢复领域引进先进的理念和技术还有待加强。

理论研究的不足阻碍了海洋生态恢复标准体系的建立，而标准体系是沿海栖息地和海洋生物多样性保护和恢复的前提和技术保障(Liu et al., 2020)。目前，国内常用的海洋技术标准主要是针对沿海地区调查监测以及对水质状况和部分环境指标制定的标准，前者主要包括《近岸海域环境监测规范》(HJ 442—2008)、《重要湿地监测指标体系》(GB/T 27648—2011)和《滨海湿地生态监测技术规程》(HY/T 080—2005)等国家和行业标准，用以指导滨海栖息地和近岸海域的例行监测及各项专题监测；后者主要包括海水水质标准等强制性标准以及国家关于某些指标的约束值或发展规划值等。然而，由于指标体系相对孤立和分散，缺少对生态系统健康状况的综合评价指标，仅靠这些标准无法实现海域生态修复的技术指导和绩效评估。为了加强对海草床、珊瑚礁等典型滨海栖息地生态系统保护和恢复的技术支持，2020年国家发布了21项海岸带保护修复工程技术标准，其中包括10项现状调查和评估技术方法、10项生态修复技术方法和1项项目监管监测技术方法。海洋生态恢复标准体系的建立，不仅需要研究人员按照协调一致的海陆统筹保护、系统恢复和综合管理理念进行标准的制定和完善，还需要各相关部门积极协调以达成共识，以便更好地指导沿海栖息地和海洋生态的保护恢复工作。

4 气候变化对海洋生物资源 构成重大威胁

4.1 气候变化的影响

气候变化对全球海洋生态系统的影响日益加剧（Halpern et al.，2008；Cheung et al.，2017）。温度、pH 值、溶解氧、盐度和潮流形态等因素正在以充满不确定性的方式改变着海洋生物资源的生长、繁殖和生活方式，以及物种迁徙趋势、物种间相互作用和栖息地的可用性。虽然不同的海洋生态系统所受影响大小不一，但几乎无一幸免，尤其是珊瑚礁和那些对环境变量组合的精确性要求极高的沿海生物栖息地，将会受到更大的影响。而生态系统的变化又会对海水养殖物种、渔业捕捞物种或具有其他海洋生物资源价值的物种产生影响。

气候变化通过环境变化直接影响海洋生物资源的生产力与渔获物种的分布，或是通过对重要饵料生物、栖息地或其他生态系统组分的影响而间接影响海洋生物资源的生产力与渔获物种的分布（Gaines et al.，2018）。海洋生物资源生产力的变化会影响海水养殖业和捕捞渔业的潜在产量以及受这些因素或其他因素影响的物种潜在恢复能力。物种分布的变化可能会导致危及渔业生产的外来物种入侵，进而影响那些对当地渔业、旅游业和其他产业具有一定环境功能和经济价值的物种。

本章主要作者：BOENISH Robert，KRITZER Jacob，孙芳，刘侃，张慧勇，费成博，姚颖。

气候变化的影响是系统性的，会对单一行业的管理以及更全面的海洋生物资源政策的制定产生影响。因此，我们应该要充分考虑到这些因素，从而确保未来政策在不断变化的环境条件下仍然持续有效。由于中国的海洋生物资源分布范围从热带一直延续到温带，其分布区的变化或生产力的变化将特别显著，在过渡区域附近尤其如此。

4.1.1 海水养殖业

近年来，充分利用和优化海水养殖业来解决全球粮食和营养安全问题的相关议题受到关注（Gentry et al., 2017）。事实上，水产养殖为人类提供的食物量已经赶上甚至超过商业化捕捞渔业（FAO, 2020）。与 18 世纪和 19 世纪农业革命的情况类似，技术领域的突破和明朗的经济前景推动了水产养殖业的快速转型。加强食品生产和加工产业链的控制有助于提高渔业生产效率，稳定市场经济，改善社会民生。由于亚洲和非洲国家贡献了近 85% 的海水养殖产量，而中国的养殖产量占全球一半以上（57.9%），发展水产养殖业对这些国家和地区尤为重要（FAO, 2019）。

受气候变化影响，捕捞渔业产量在有些地区可能会呈下降趋势。面对这一预测结果，与水产品相关的营养供给与粮食安全成为当今最重要的议题之一（Golden et al., 2016）。如果水产养殖能够彻底解决这些地区的粮食安全问题，或成为解决方案之一，那它在改善经济、加强公共健康水平、提高生活质量方面的贡献将不可估量。虽然我们尚不清楚水产养殖业将如何应对气候变化并实现持续发展，但在过去几年中，世界各地的研究人员一直在研究分析水产养殖业对气候变化的适应程度。目前得到的研究结果表明，地理环境、品种选择、产业管理、育种成功率等因素是水产养殖能否适应气候变化的关键(Clavelle et al., 2019)。

与陆地农场一样，选址是水产养殖成功的关键。从水温、污染物浓度、初级生产力到 pH 值的多重水质条件，都必须在自然条件下与养殖品种相匹配，或者必须人为可控。例如，鲑鱼等水产养殖品种的养殖环境需要较高的水交换条件和较小的温差，从而降低鱼苗的患病风险和提高养殖生物的整体健康水平。有研究发现，不同地区在未来几十年里对气候变暖和海水酸化的敏感程度会有所不同(Gentry et al., 2017; Froehlich et al., 2018)。在中国，预计在未来几十年中，除中部沿海地区以外，适宜开展鱼类养殖的水域面积将有所减少(5%~15%)；对于双壳贝类养殖，气候变化的负面影响则会更加严重，特别是在近海和南方海域。在某些西方国家，牡蛎养殖业是一种正在兴起的先进养殖模式。一些牡蛎养殖企业已经提前预期海洋 pH 值的变化并开始采取应对措施。牡蛎在其生活史早期阶段更容易受到环境的负面影响，这一点与许多其他海洋生物的情况相似。针对这一问题，一些贝类养殖场正在进行人工选育，来提高牡蛎苗的附着成功率。这种做法一般来说可以保证牡蛎较高的存活率和较好的养殖效果，从而保证养殖场的投资回报。

近 50% 的海水养殖品种是滤食性物种，因此世界上几乎一半的海水养殖产业依赖于浮游生物的生产力。然而许多研究已经证实，全球海洋的初级生产力可能会随着气候的变化而降低(Lavoie et al., 2010; Roxy et al., 2016)。此外，浮游生物种群的变化会对上一营养级物种的营养摄入产生较为复杂的影响。总体上来说，目前的环境条件已经导致渔获物种体型变小、脂肪含量变低(Johnson et al., 2011)。有证据表明，由于表层水温升高，缅因湾桡足类的一些主要物种的群落结构出现了变化(Grieve et al., 2017)，研究人员还发现这些变化在整个生态系统内已经产生了级联效应。如今，从沿海水产养殖生产力的变化，到鲸类迁徙、体型消瘦的变化[鲸主要以富含脂质的飞马哲水蚤（*Calanus fimarchicus*）为食]都较为普遍。实际上，生态系统的总初级生产力决定了自然生态系统和非投饵性物种的水产养殖产量。对于牡蛎和蛤蜊等物种来说，海洋初级生产力的变化与食物供应量有直接的因果关系。

近30年来，科学界越来越认识到，气候变化会导致海洋上升流增强（Bakun，2017，1990）。高强度上升流海区的邻近海域通常是生产力最高的水域。根据物理学原理，水中溶解气体的含量会随水温的升高而降低。此外，最近的研究证实低氧死亡区的增加与海洋上升流有关（Bakun，2017；Diaz，Rosenberg，2008）。这两个因素表明，沿海水域内情况较为严重或分布较为分散的缺氧区将会增加。首先与自然生态系统相比，水产养殖可能更容易受到缺氧的影响，养殖作业区域的相对固定性是造成这一问题的主要原因；其次，低氧死亡区的缺氧情况导致生物生产力下降，进而导致滤食性物种的捕食水域发生变化。农业等污染源导致的营养盐输入增加，会加大藻华的发生频率，其中包括无害和有毒藻类的暴发。

上升流区域和营养盐输入的交汇处更容易发生有害藻华。有害藻华是由携带有害毒素的藻类快速繁殖所造成的。人类如果摄入这些毒素可引发许多症状，包括恶心、麻痹、瘫痪甚至死亡（Figgatt et al.，2017）。除了产生毒素，有害藻华还能造成海水富营养化，引起水生生物大规模死亡。有学者预测，藻华暴发的频率、规模和毒性都会随着气候的变化而加剧（Davidson et al.，2014）；这些情况通常发生在河口及其临近水域。不过，通过适当的监测和环境治理可以有效地减少有害藻华对人类的直接危害（见第3章）。但必须持续不断地支持开展监测项目，并制定严格的红线标准以保障水产品安全。即便采取了有效的监测和治理措施，有害藻华仍然常常对生态系统产生负面影响，并造成经济损失。仅在美国，有害藻华每年造成的经济损失就高达 1 亿美元（Davidson et al.，2014），在欧洲则高达 10 亿美元（Granéli，Turner，2006）。有害藻华造成的经济损失包括多个方面，如因公共卫生健康、企业的产品损失或停业、文化娱乐和旅游活动的暂停以及管理等方面所产生的费用和收入损失。许多国家都已经发布了估算有害藻华导致的经济损失的研究报告，全球水平的经济损失很可能高达数十亿美元。

中国拥有得天独厚的海岸线和大河河口。但由于来自农业的营养盐数量巨大，这些河流也成为陆源营养盐入海的直接通道。氮磷营养素的过量输入，从本质上来说是为藻类提供了肥料。因此，产生毒素的有害藻华在北部湾、黄渤海、长江口和南海等水域很常见（Xu et al.，2019；于仁成等，2017；Tang et al.，2006）。

气候变化对鱼类和无脊椎动物养殖有利有弊。例如，越来越酸化的海水环境更容易对钙化物种产生影响。举例来说，由于沿海上升流的增加，研究人员预测到 2050 年美国西海岸大多数水域的双壳贝类养殖潜力都将下降；而在北面的加拿大西海岸，贝类的养殖潜力将增加（Froehlich et al.，2018）。大部分钙化物种以自然环境中的浮游生物为食。考察物种应对海洋酸化和浮游生物群落改变等双重压力的实例，可帮助中国和世界其他国家更好地制定减缓和适应气候变化的策略。

藻类与综合水产养殖

海水藻类养殖，亦即海藻人工养殖，已经形成了一个价值数十亿美元的产业，且产业规模还在继续扩大。藻类产品在工业、肥料、家畜饲料等领域中的应用越来越多，人们也开始越来越多地食用海藻。最近的研究报告指出，海藻养殖是世界上增长最快的食物生产方式（Duarte et al.，2017），但相比于养殖场选址，藻类养殖主要受到技术工艺的限制（Froehlich et al.，2019）。此外，海藻养殖还带来一系列额外环境效益，包括增加水中的氧气含量，构建鱼类栖息地以及降低海水的酸度。

目前，中国正在积极应对大规模农业生产所造成的水污染以及水产养殖尾水排放问题，而藻类养殖是中国治理近海富营养化的一个重要途径。He et al.（2008）发现，江苏的条斑紫菜养殖成功去除了水体中过剩的营养物质。而条斑紫菜已经形成了一个价值数十亿美元的产业。条斑紫菜本身可以食用，也可用于生产海苔。有鉴于此，大量养殖条斑紫菜不仅可以通过生物修复来改善环境，而且还具有较高的经济回报。今后，藻类养殖还有望应用于碳中和领域。作为快速增加的碳汇，海藻养殖有望在非化石燃料、肥料、动物饲料等重要工业和农业必需品的生产领域促进碳减排（Duarte et al.，2017）。事实上，现有藻类养殖的一部分（14%～25%）就足以抵消全球鱼类和甲壳类养殖的预估碳排放（Froehlich et al.，2019）。

多营养层次综合水产养殖（IMTA）是一种可以为人类提供多重利益的水产养殖模式。IMTA 是将具有光合作用的藻类生物与投饵性鱼类养殖相结合的生态友好型水产养殖模式。网箱养殖较为常见的问题是效率低和废物排放。而藻类生物具有为养殖鱼类提供庇护所、吸收营养物质和增加水体溶氧量等生态效益，已经引起了业界的关注。在某些地区，水产养殖活动排放的营养物质（如氮、磷）浓度过高导致了水体富营养化问题。如果把网箱养殖与海藻养殖相结合，养殖企业就能通过海藻对部分营养物质的吸收，减少许多有害物质的环境影响，还能在提高生产效率的同时提升产品组合的多样性。虽然这种技术具有较好的前景，目前的发展速度也较为迅速，但在实际应用的过程中还需要在环境监测、物种选择和养殖分区等方面进一步开展研究。

4.1.2 野生物种

气候变化对物种的影响会因纬度而异，这一论点已在相关文献中做出了详尽的阐述。实质上，气候变化会导致一系列的地区性差异，而每个生态系统的结构和恢复能力也是不尽相同的。Pinsky 等（2013）着重探究了不同地区之间"气候速率"（即气候变化的速度）的差异，发现"气候速率"是生态系统和各个物种都必须要面对的关键性因素。有趣的是，海洋物种相对陆地物种而言，对"气候速率"变化的反应更明显。Pinsky 等（2013）认为，对温度变化适应能力强的物种更容易适应气候变化。然而，物种分布的变化通常更为复杂。

水温变化影响着洋流的形态，洋流的上升和混合程度正深刻地改变着海水的化学成分，并最终影响海洋的生产能力。早在 1912 年约翰·霍尔特就已指出，物种早期生活史阶段的重要事件对其生长的影响最大。浮游幼虫若想发育成幼体，就必须克服一系列的挑战（Arnold et al.，2010），其中最难以控制的是地理因素。随着季节的变化，物种物候也在不断变化，包括蜕壳或迁徙时间的变化。当一个物种开始产下浮性卵或自由游动的小型幼虫时，其产卵的时机会影响卵和幼虫上浮的位置。如果这些卵或幼虫被冲到远离海岸的地方，则会增加其被饿死的风险；或因水深过大，导致其在定居不久后死亡。因此，若一个物种想战胜这些挑战，地理条件和栖息地这两个因素最为关键。

浮游生物通常依赖物种间的共生关系来觅食。比如，幼年龙虾依靠各类桡足类作为食物来源。当环境变化以不同的方式对物种物候产生影响时，则可能会发生同一食物链物种生存时间错位的情形。这对被捕食物种而言是一件好事，而对捕食物种而言，却恰恰相反。进而，我们假设：并非所有物种都会对相同梯度的环境要素做出反馈。因此，温差的幅度和变化频率会对不同物种物候的错位程度产生强烈影响。在中国的梭子蟹(*Portunus* spp.)类物种中也可以看到类似的情况。在每年的伏季休渔结束时，整个中国沿海都会大量捕捞这类快速生长的高值海产品。如果由于海水温度变化导致苗种相对变态时间或生长速率发生变化，就将影响产卵群体的规模，并进而造成渔获螃蟹规格和整个捕捞模式的变化(Lin et al., 2021)。

尽管科学家已对美国物种间变化的相对反应进行了充分的研究，但对物种生命周期的时机变化所造成的影响仍然不甚了解(GAO, 2016)。就如同看到樱花在9月开放一样，物种生活史的时机变化则必定会导致严重的生物学后果，但这种后果既没有明显的特征，也很难对其进行预测。以缅因湾为例，区域水温的升高已明显导致美国龙虾[美洲螯龙虾(*Homarus americanus*)]的物候期发生改变。近年来，气候变暖造成该种群在初夏时节便开始集中脱壳；而根据以往经验，个体的脱壳时间在夏季里较为分散，并无规律可循。由于脱壳时间提前，更多的龙虾需要经历二次夏季脱壳(Staples et al., 2019)。由此我们发现，温度的升高通过加快龙虾的脱壳频率而有效地提高了该物种的生长速度。

在气候变化的影响下，生物物种可能会采取两面下注策略(bet-hedging strategy，也叫押注对冲策略)，其作用往往被科研人员所低估。这一现象几乎存在于所有物种中，在海洋环境中则更为明显。Choi等(2019)发现，阳光直射可能会给潮间带生物带来严重的后果。通过高分辨率的栖息地模型模拟，发现小型适居区域或"微型避难所"通常存在于距离适居区域仅几厘米的地方。而有时，最佳的生物栖息地与不适居区域是毗邻的。因此，若物种与不适居区域相距较远，它们则可能会占据环境条件略差的栖息地。此外，Werner等(2019)也发现，即使附近有更好的栖息地，格陵兰岛的大西洋鳕

(*Gadus Morhua*)种群也往往会选择次优栖息地。他们推断造成这一现象的原因是因为物种个体生存的直接成本包括对次优觅食和温度适宜栖息地的占据成本，而物种放弃最优栖息地所带来的风险可能最终会低于在最优栖息地中更容易被捕食的危险以及捕猎竞争激烈而导致的无猎物捕获的风险。与活动范围较小的物种相比，物种的两面下注策略在某种程度上可能就是一种为应对气候变化所做出的不得已的选择。

4.1.3 栖息地

珊瑚礁生态系统

在气候变化领域，学术界越来越关注热带珊瑚礁生态系统恢复力和适应性特征的研究。造礁珊瑚是海洋中生物多样性最为丰富的生态群落。珊瑚礁所处的环境非常极端，经常暴露于强烈的波浪作用、太阳辐射、高温和激烈的物种竞争中。同时，珊瑚的生存也需要依赖其与光合藻类的共生关系。当环境条件给珊瑚的生存带来压力时，共生藻类生物便会离开或者死亡，从而导致珊瑚的白化现象。长时间的高温影响是目前已知导致珊瑚大规模白化的主要原因。由于热带珊瑚自身无法活动，且主要依赖撒播产卵的方式来进行种群定居，因此它们不能根据生存环境条件的变化而迁徙到更适居的栖息地。此外，海平面上升是导致该问题恶化的另一个因素。近期研究表明，全球大部分地区海平面上升的速度将超过珊瑚的生长速度（Perry et al.，2018）。长此以往，海水深度的增加所造成的光照衰减将足以破坏珊瑚共生有机体的生产力，并最终导致珊瑚的生长速度减缓。

对热带珊瑚礁的悲观预测也投射到依赖健康珊瑚礁为生的物种。的确，如果没有足够的对气候变化的适应能力，珊瑚礁的减少则直接意味着生物多样性的大规模丧失。Hughes 等(2018)认为，能否在较短时间内迅速降低温室气体排放，对于全球珊瑚礁系统的保护工作来说至关重要。这一观点也已得到学术界的广泛认同。从相对较小规模的生物群落的角度来看，人类的干预行为本身就可以对海洋珊瑚礁的恢复力产生积极而深远的影响(Steneck et al.，2019)。

在某些情况下，主动式的负责任渔业和生态系统管理可以有效地养护生态系统的功能多样性及其韧性。加勒比海的博奈尔岛正积极推动禁止潜水叉鱼捕捞和保护珊瑚礁生态系统中食草动物的工作，而珊瑚礁群落在生态已经受到严重环境干扰的情况下也以前所未有的速度得以成功恢复(Steneck et al.，2019)。此外，为了减缓气候效应，相关的珊瑚礁保护工作的重点还应聚焦于减少造成珊瑚礁破坏的化学和物理因子，其中包括化学污染物或农业污染排放、渔业捕捞以及以珊瑚礁为锚地的行为。同时，为了了解维持珊瑚礁功能的关键物种，还需要针对特定生态系统进行监测。管理者们可以借助这些信息制定有效的保护政策，以减缓珊瑚礁的退化。

红树林

世界各地的红树林生态系统是目前最为人们所熟知，同时又是最为脆弱的生物栖息地之一。红树林具有颇为广泛的生态系统功能，它不仅能实现碳去除和碳封存，而且还是拥有很多特有物种的生物多样性热点区域以及珊瑚鱼类幼鱼的重要栖息地(Igulu et al.，2014)。红树林系统是地球上生产力最高的生态系统之一(Carugati et al.，2018)，可以净化水质、抵御风暴灾害、为人类提供食物和木材。因此，红树林生态系统不仅作为可开采资源能够带来巨大的生态、社会和经济价值，而且还具有众多生态系统功能。近年来，利用红树林提供生态系统服务和采伐等短期行为之间的矛盾愈演愈烈，而后者曾一度占据上风。

在 20 世纪后半叶，红树林一直面临着被飞速砍伐的危机，直到最近几十年情况才略有好转。过度砍伐的主要原因之一是为了建造围栏或池塘养殖无脊椎动物，或者是为了开垦农田。以印度尼西亚为例，这种行为已在过去 30 年里造成红树林面积锐减 40%（Murdiyarso et al.，2015）；而这一趋势在全球范围内大致相同。根据保尔森基金会的报告，填海造地和水产养殖等沿海开发活动已导致中国红树林面积锐减 73%（Paulson Institute，2016）。除了大面积的生境丧失之外，中等程度的扰动也可能对红树林的生物多样性和生态系统功能产生深远影响。Carugati 等（2018）研究发现，在人为影响下，红树林生态系统已经损失约 20% 的生物多样性以及超过 80% 的微生物分解效率。生态系统功能方面所蒙受的损失凸显了气候变化背景下保护红树林的重要意义。

除了人类毁林的威胁，全球各地的红树林也在气候变化的大环境下夹缝生存。在所有环境变化中，因海平面上升所造成的底质侵蚀是红树林生态系统所面临的最核心的问题（Gilman et al.，2008）。在沿岸泥沙侵蚀和海平面上升的共同作用下，全球红树林生态系统正受到不同程度的侵蚀，其中以太平洋岛屿为甚。与此同时，沿海地区人类的大规模栖居几乎未给红树林向陆迁移留下太多空间。倘若红树林不能通过向陆域的扩张来弥补泥沙侵蚀和海平面上升的双重效应，最终将会导致碳输出的净增加和林地萎缩。相关研究已经详细分析了上述问题对生物多样性、生态系统生产力以及生态系统服务所造成的后续影响。除了减缓海平面上升的速度之外，实施红树林再造林工程以及严格控制侵扰红树林的人类活动，是保护红树林的生物和生态系统功能的重要措施。

海草床

就生物多样性和生态系统服务而言，海草床是极为重要的生态系统。全球海草床的总面积达 18×10^4 km^2，是世界上生产力最高的生态系统之一（Waycott et al.，2009）。中国是全球海草热点地区，拥有 8 765 hm^2 以上的海草床，约占全球已知海草种类的 30%（郑凤英等，2013；刘慧等，2016）。无论是在温带还是热带的沿海地区，海草都是大多数区域中最常见的大型植物（Duarte et al.，2018）。海草不仅为鱼类和无脊椎动物提供了稳定而关键的育幼场所，而且对水体的营养物质循环、减缓海岸侵蚀以及碳埋藏和产氧过程都有重要的促进作用。海草损失会降低其他陆地与水生系统之间的生态连通性。海草床生态系统每年仅仅从营养物质循环一个方面所创造出的生态功能就价值 1.9 万亿美元。但是，生态环境的变化和海岸带开发这两大因素却造成海草损失率不断增加，其中，温度变化被认为是最重要的限制因素。据估计，该因素自 1990 年以来每年造成的海草损失率高达 7%。

区域与物种之间在气候响应方面的差异性正在快速显现。值得注意的是，到 21 世纪中叶，气候变化将导致一种较为关键的地中海海草物种的功能性灭绝（Jordà et al.，2012）。而近期，在澳大利亚发生的一次海洋热浪席卷了全球最大的海草床之一，所造成的海草床损失占其总面积的 36%（Arias-Ortiz et al.，2018）。海草床的损失将在全球水平上显著改变已经封存的碳以及海洋生物多样性。相关研究已针对这一事件对珊瑚礁和红树林生态系统可能造成的连锁反应进行了评估；而通过生物和营养物质的连通性，这一事件很可能波及近海和陆地的生态系统。由于这些生态系统非常复杂，我们需要更多的研究来评估其相互关系。而在此之前，我们必须力争更好地监视、保护和恢复海草床。

4.2 应对气候变化的适应性措施

根据上述章节的讨论，气候变化的影响因物种和地区的差异而各不相同。这些变化在很多情况下是源于生态系统的上行效应，例如食物网中不同层级(譬如浮游植物和浮游动物)之间在生产力以及时空分布方面的协同现象。总体而言，某一物种所遭受的全部动态影响是由贯穿其整个个体发育过程的内部特征和外部驱动因素导致的。在海水温度上升的情况下，活动范围较大的远洋物种有能力改变自身的活动范围，但对于珊瑚这一类固着物种而言几乎是不可能的事情。此外，鉴于生物具有较为复杂的利益权衡特性，仅仅拥有迁徙能力并不代表某一物种会进行栖息地迁移。事实上，诸多实例表明，生物两面下注策略会使物种偏向于占领次优等栖息地。而在很多区域里，这些物种的变化都是前所未有的，因而增加了研究气候变化及其过程的难度。

针对现有记录之外的生态系统变化进行预测是十分困难的。即使是一个最为简单的仅由一种物种构成的生态系统，针对唯一一种环境扰动，例如温度上升，其响应也是很难预测的。正如前一节所论述的那样，生物体的生存环境不尽相同，且必须对包括猎物/捕食者等各种刺激因素做出反应，并对每一种行为做出权衡。因此，例如大型气候模式预测全球范围的平均气温会呈现上升趋势，但生物体有可能会通过改变自身行为来平衡其体内代谢水平的变化，使可观测的变化更加难以预测。模型预测的难点在于大多数建模方法均假设了某些不变因素，包括描述行为、物候或物种间相互作用的参数等。

生态学家已证实，生物的一切行为都涉及权衡与取舍。例如，它们对庇护所的选择既有助于降低被捕食的风险，又会缩短其觅食时间。生物获取充足食物的难易程度决定了其愿意承担风险的程度。由于捕猎行为需要较大的能量支持，气温上升意味着生物的代谢率会上升，因此生物的能量需求也会增加。这种改变会导致包括捕猎频率和猎物选择在内的诸多变化。例如，生物捕捉体型更小或热量更低的猎物可能不利于自身的新陈代谢，因而它们会增加捕猎次数。在不同的栖息地和物种门类当中就存在着类似两面下注策略的一系列有趣的生物行为。Choi 等（2019）的研究表明，潮间带的紫贻贝（*Mytilus edulis*）会通过两面下注策略来占据次优栖息地作为其最佳的生存策略。因为长远看来，在最佳栖息地内被捕食的机会更大，且在退潮过程中会存在更高的温度应激风险。

目前，大多数机理模型的建模方法都是基于现有的物种分布数据，并假设物种的分布与最佳栖息地相关。然而，这些假设却未考虑到物种的利益权衡行为，或者该物种倾向于占据次优栖息地（即比最佳栖息地更为温暖或寒冷的地方）的行为。运用最佳栖息地数据进行气候变化模型推演时，有可能导致未知的偏差，从而增加预测气候变化影响的难度。

然而，从根本的机制层面来看，预测性研究所得出的变化趋势是我们目前可预期的最合理的结果。随着该学科受到越发广泛的关注，未来必然会出现更加科学的预测方法。与此同时，环境监测的重要性也在于为未来的人类提供更加充足的环境数据。若干年之后，科学家必然能通过回顾现在学界的一系列研究受到新的启发。因此，中国和其他国家都有必要对当前和初始状态的生态系统进行详尽的研究，提出创新的策略来模拟气候变化的生态响应。到那时，我们方能回答这个问题：气候变化研究模型是否足够准确和全面？

第二部分

发展趋势与目标

5　中国海洋生物资源管理政策进展

当前，生态文明建设已成为中国各项国家政策的重要主题。通过"十三五"规划、党的十九大报告、2018 年宪法修正案等大政方针，中国政府一再明确指出，要坚决以环境保护为前提，继续推动经济和社会进步。事实上，"经济、社会和环境协调发展，不以牺牲彼此为代价"已经成为现代中国的治国理念。只有通过协调发展，才能可持续地实现经济、社会和环境发展目标。以损害环境资源为代价的经济进步，将破坏许多经济领域的基础，而社会条件的恶化将产生福利成本，抵消增加的利润。同样的，阻碍经济繁荣的环境保护措施会产生社会成本，导致政策无法获得公众支持，并以失败告终。

联合国可持续发展目标(SDGs)同样旨在实现经济、社会和环境进步这三项基本目标。中国通过对联合国可持续发展目标做出明确承诺，向全世界宣告了这一新的治国理念。2016 年，中国制定并发布了《中国落实 2030 年可持续发展议程国别方案》，为每个 SDG 目标都制订了详细的行动计划。自实施以来，中国已经对这些目标进行了一轮报告。中国在能源消耗和大气污染这两个环境保护领域取得了显著成果，这两个领域与应对气候变化的 SDG13 有关。2016年，中国单位 GDP 能耗下降了 5%，单位 GDP 二氧化碳排放下降了

本章主要作者：刘慧，韩杨，曹玲，KRITZER Jacob，孙芳，郝小然，谢园园，唐华清，费成博。

6.6%(中华人民共和国外交部，2017)。2020年，中国政府进一步做出承诺：到2030年前达到碳排放峰值，努力争取2060年前实现碳中和。与此同时，中国在实现SDG1(侧重于减贫)方面也取得了重大进展。与2015年的数字相比，到2018年底中国农村的贫困人口数量从5 575万减少到1 660万，贫困地区农村居民的人均可支配收入从7 653元增加到10 371元。2020年，尽管全球经受了百年大变局叠加新冠肺炎疫情大流行的双重考验，中国仍如期完成了2015年制定的新时代脱贫攻坚目标任务(国务院扶贫开发领导小组办公室，2020)。

针对海洋的可持续发展目标，即SDG14，中国也采取了一系列重要措施来保护和可持续利用海洋生物资源，包括：划定生态保护红线，将中国30%的海域和35%的海岸线划定在红线保护范围之内。这帮助扩大了总保护面积，加大了执法力度。中国还制定了更严格的海上污染物排放标准，改善了沿海地区的污染治理设施和污水管网。中国政府还增加了减船补贴，并为渔船拆除提供补贴，设定了渔船数量和总功率限值。此外，中国还为"一带一路"(BRI)沿线国家建设水产养殖设施提供援助。"一带一路"倡议是中国参与现代国际事务的最重要和最强有力的举措之一。该倡议也强调要在实现经济目标的同时，努力实现环境和社会目标。

在海洋领域，国家发展和改革委员会与国家海洋局在2017年联合发布的《"一带一路"建设海上合作设想》中，提出了通过"一带一路"倡议实现上述三项基本目标的路径。该文件强调了海洋生物资源的重要性，同时指出，需要改善整个地区的海水养殖和渔业管理以及栖息地和生物多样性的保护。

中国正逐步通过"一带一路"倡议和其他举措分享本国的成功经验，为其他国家的政策变革提供借鉴，中国的国际领导力也将随之增强。为此，中国制定的一系列旨在改善中国海洋生物资源管理的重要国策将发挥关键作用。在"十三五"期间，生态文明建设被提升为一项重要国策；但在此前中国已开始通过出台新政策来解决海水养殖的不合理增长和环境影响问题，例如，设定了到 2020 年的海水养殖总面积上限，渔业"十三五"规划中提出了"减量增收、提质增效和绿色发展"的原则。此外，通过逐渐加强许可证管理、监督和执法，对沿海地区的过度开发问题的管控已初见成效。不过，上述举措今后仍需要进一步加强。

"十三五"规划促使农业部在 2017 年初出台了一项全面而雄心勃勃的国家渔业新政策。该政策确定了减少海洋捕捞总产量、压减渔船数量及总发动机功率的国家目标。此外，该政策还涉及省级和地方层面详细的渔业管理机制，包括改进渔业资源种群评估，通过监测来支持种群评估并确保合法作业，给予渔业生产者捕鱼权和参与渔业管理的机会以及更多地采取产出控制措施。由于产出控制措施标志着中国渔业管理领域的一项颠覆性重大变革，因此针对这项农业部新政，沿海五省启动了总可捕量(total allowable catch，TAC)管理(即海洋渔业资源限额捕捞管理)试点项目。

农业农村部的上述新政策不仅着重改善对捕捞种类的管理，而且还侧重于保护整个生态系统免受捕捞的不利影响。这些规定将是实现更加全面、综合的海洋生物资源管理的重要步骤。其他政策和试点项目也朝着这一方向迈出了重要的一步。例如，厦门基于生态系统的综合规划试点项目旨在为海水养殖、渔业、航运和其他用海方式划定空间，同时尽量减少这些用海项目的相互影响，并确保对重要生态资源的保护。该试点项目力求在高度城市化的沿海地区努力实现这种复杂的平衡，这需要强大的技术支撑以及不同部门和各级政府的协作管理。值得指出的是，该试点项目成功地保护了中华白海豚的一个小而稳定的种群——中国是这一物种分布区的最北端。

通过综合性政策和治理，同时将管理措施与地方传统和价值观相协调，方能最有效地实现海洋生物资源的综合管理。自 2013 年以来，中国内地已经开始通过建设"美丽乡村"朝着这个方向发展，这一概念正式将人类福祉、生活质量和文化因素纳入政策当中。以"美丽乡村"为基础，中国正在建设大量的"美丽渔村"；这也是根据不同地方的社会、经济和生态特征，基于当地视角、目标和认知的因地制宜的海洋生物资源管理策略。

5.1 现行海水养殖法律法规与管理体系

5.1.1 海水养殖管理法律体系

中国在海洋生物资源管理方面，拥有一整套相对完善的制度体系。从 20 世纪 70 年代至 21 世纪的最初 10 年，中国对海淡水养殖业始终采取积极和鼓励性政策，而 1986 年颁布的《渔业法》则确立了"以养殖为主"的渔业发展方针（唐启升，2017）。这些重要方针政策极大推动了中国水产养殖业的快速发展。《渔业法》是中国水产养殖的主要法律，管辖着内陆水域、滩涂、领海和中国专属经济区以及中国管辖下的所有其他海域的一切水产养殖和捕捞活动。除了《渔业法》，中国还颁布实施了一整套法律法规，用来规范海水养殖业及其他相关行业的发展，包括《中华人民共和国海域使用管理法》《中华人民共和国物权法》《中华人民共和国动物防疫法》《中华人民共和国海洋环境保护法》等（表 5.1）。

1986 年颁布的《渔业法》是我国第一部管理水产养殖的法律，其中首次对水产养殖许可证制度做出规定；在《渔业法》颁布实施后的

20 年间，相继通过了其他相关法律。中国有关水产养殖管理的总体
法律体系，包括五项国家法律、四项行政法规以及若干规则和规范
性文件(表 5.1)。规章制度通常作为法律的解释或执行文件发布。
这是一个以国家法律为最高权威的多层级的法律体系。国家法律法
规可以通过地方行政管理规定在省、市、县逐级分步实施。这些措
施通常比相应的国家法律法规更加具体和严格。中国水产养殖法律
制度在加强渔业资源的保护、增殖、开发和合理利用，发展水产养
殖业，保护渔业生产者的合法权益以及促进渔业生产发展方面已经
并将继续发挥重要作用(Liu, 2016)。

　　长期以来，国家把水产养殖业作为提高农村收入、增加粮食产
量和促进农村就业的重要产业，采取了一系列鼓励和扶持政策，促
进其产业发展。农业农村部对水产养殖户的扶持政策种类繁多，包
括渔用柴油补贴、渔业资源保护和转产转业财政项目、渔业互助保
险补贴、发展水产养殖业补贴(又包括水产养殖机械、良种和养殖基
地补贴等几种类型)、渔业贴息贷款和税收优惠政策等。这些政策在
扶持和激励行业发展方面，无疑发挥了积极的、卓有成效的作用。

表 5.1　中国的水产养殖法律法规

名称	颁发部门	颁布时间	管理目标
法律			
中华人民共和国渔业法	国务院	1986 年颁布；2000 年修正；2004 年修正；2009 年修正；2013 年修正	管理中华人民共和国管辖水域内的一切捕捞和养殖活动；管理渔业和水产养殖所使用的水域滩涂
中华人民共和国海域使用法	国务院	2002 年	各类用海管理，海域使用金缴纳
中华人民共和国物权法	国务院	2007 年	建立了水产养殖用海权属体系

名称	颁发部门	颁布时间	管理目标
中华人民共和国动物防疫法	国务院	1997 年颁布；2021 年修订	管理水生（含水产养殖）生物疫病防控
中华人民共和国海洋环境保护法	国务院	1999 年	海洋生态环境保护
行政规定			
中华人民共和国渔业法实施细则	农业部	1987 年	指导渔业法实施
中华人民共和国兽药管理条例	国务院	2004 年；2020 年修订	管理水产养殖用药
中华人民共和国饲料和饲料添加剂管理条例	国务院	1999 年颁布；2011 年修订	管理水产饲料和饲料添加剂
中华人民共和国农业转基因生物安全管理条例	国务院	2001 年	管理水产养殖转基因（GMO）产品的生物安全
规则和其他规范性文件			
完善水域滩涂养殖证制度试行方案	农业部	2002 年	管理水产养殖许可证审批
农业部关于稳定水域滩涂养殖使用权推进水域滩涂养殖发证登记工作的意见	农业部	2010 年	鼓励申领和登记水产养殖许可证
水域滩涂养殖发证登记办法	农业部	2010 年	水产养殖许可证申领和登记
水产苗种管理办法	农业部	2005 年	促进水产品种选育、生产、贸易和进出口
水产养殖质量安全管理规定	农业部	2003 年	监督管理水产品质量安全

名称	颁发部门	颁布时间	管理目标
水产原良种审定办法	农业部	1998 年颁布；2004 年修订	管理水产生物原良种培育
国家标准：渔业水质标准	环境保护部	1989 年	用于控制和预防渔业水域污染和保障水产品质量的国家标准

5.1.2 水产养殖许可证制度

我国的海水养殖业主要通过海域使用证和养殖许可证的发放进行管理。海水养殖许可证和海域使用证由农业农村部（MARA）和自然资源部国家海洋局（SOA，MNR）下辖的市级或县级农业农村局和海洋发展局（原海洋和渔业局）颁发。由于种种原因，一些养殖场在并未获得两证的情况下就已经开展了水产养殖活动；即便养殖场获得了许可证，也难以限制养殖品种的变更或经营规模的扩大，从而容易导致局部养殖水域的养殖密度过高、水质污染、环境恶化、病害流行，加大了水产品质量和安全治理的难度。

为了促进和规范中国海水养殖业的健康发展，并最大程度地减少其外部影响和冲突，国务院和农业部［MOA，现为农业农村部（MARA）］发布了一系列法律、行政法规和细则，其中最重要的规定之一是"所有水产养殖企业都应该取得养殖许可证，持证经营"（《渔业法》）。长期以来，中国的水产养殖和捕捞渔业一直以许可证管理为基础。不过，养殖证管理制度本身在空间使用、经营方式或承载能力方面没有太多规划。从理论上讲，只要有可用的空间，即与当地现有各类用海活动不冲突，无论是在滩涂、浅海还是深水区，都应该发放水产养殖许可证。但是，仍然有许多鱼类/虾蟹类养殖场没有申领许可证，无证养殖。近年来，在一些以大量投饵型养殖为主、且养殖生物量较高的水域，特别是在水交换较差的海域进行大规模鱼类网箱养殖的地方，已经造成了水质污染和负面环境影响。这些问题引起了国家管理部门的重视，并在一定程度上引发了不断强化的水产养殖治理以及"退养还滩"整治行动。在一些沿海省（区）市，地方政府采取了极端的"一刀切"式的做法来拆除水产养殖设施，甚至一次性拆除了数十平方千米海岸带区域内的海水养殖场。

随着中国经济和社会的发展，水产养殖法律法规中的某些规定已不能满足治理的实际需要，因此当前正在对《渔业法》进行全面修订。在即将出台的新版《渔业法》中，我们希望看到更加能够平衡保护和发展的治理措施，让水生生物种质资源的保护得到加强，水产养殖滩涂得到良好的规划和保护，同时将海域使用方面的冲突减少到最低。

5.2　中国海洋捕捞渔业管理措施

5.2.1　"投入控制"措施

"投入控制"是中国海洋渔业的主要管理措施，主要包括捕捞许可证制度、"双控"制度、"减船转产"制度。

捕捞许可证制度最早是由中华人民共和国国务院 1979 年颁布的《水产资源繁殖保护条例》所确立的。同年，国家水产总局颁布了《渔业许可证若干问题的暂行规定》。1986 年《中华人民共和国渔业法》明确规定了捕捞许可制度。1989 年农业部根据《渔业法》及其实施细则的规定，制定并颁布了《渔业捕捞许可证管理办法》，对中国管辖水域内的捕捞许可制度做了具体规定。但是，我国的捕捞许可证通常只规定了渔船的主机功率大小、渔具数量、作业类型、作业区域、捕捞品种等，而没有明确捕捞量限制。渔民可以通过延长作业时间、改造渔业技术等手段增加捕捞量(刘洪滨等，2007)。另外，由于历史遗留问题，在沿岸近海仍有大量涉渔的"三无"船舶从事捕捞作业(韩杨，2018)。因此，该制度只是在一定程度上减少了渔民的数量，却并不一定会降低捕捞量。

1987年4月，国务院颁布《关于近海捕捞机动渔船控制指标的意见》，开始实施对渔船的"双控"制度。该制度旨在通过渔船总数和功率数的控制，限制近海捕捞能力的发展，控制近海水产捕捞总量，从而达到逐步恢复近海渔业资源的效果。2002年8月，农业部(现农业农村部)、财政部和国家计委联合召开的"沿海捕捞渔民转产转业工作会议"，是中国全面实施"减船转产"政策的标志。为更好地指导和支持沿海各省(区)市做好捕捞渔民的转产转业工作，国家先后制定出台了《渔业船舶报废暂行规定》《海洋捕捞渔民转产转业专项资金使用管理暂行规定》《海洋捕捞渔民转产转业专项资金使用管理规定》等一系列政策规定。经国务院批准，农业部于1992年、1996年、2003年、2011年及2017年分别下达了"八五""九五""2003—2010年""十二五"及"十三五"期间控制海洋捕捞强度的目标任务(韩杨，2018)。

但是，在国家实施"双控"制度的30多年内，渔船数量和功率并没有降低，反而越控越多。2017年国内海洋捕捞机动渔船数量和功率分别超过16万艘、1 123×10⁴ kW，较1987年分别增长了约26%、226%(农业部渔业局，2018)。渔业劳动力总量也未出现明显降低，中国海洋渔业资源的衰退局面并未得到显著改善，过度捕捞、渔业污染等仍是常态，与当初政策设计目标存在较大差距(朱坚真等，2009；韩杨，2018)。

为此，农业部于2017年发布《关于进一步加强国内渔船管控实施海洋渔业资源总量管理的通知》，进一步提出海洋渔船"双控"目标：到 2020 年全国压减海洋机动渔船 2 万艘、功率 $150×10^4$ kW（基于 2015 年控制数），沿海各省年度压减数不得低于该省总压减任务的 10%。该文件同时提出了海洋捕捞总产量控制目标：到 2020 年，国内海洋捕捞总产量减少到 $1\,000×10^4$ t 以内，与 2015 年相比沿海各省减幅均不得低于 23.6%，年度减幅原则上不低于 5%，并同时给出了海洋捕捞产量分省控制指标。

5.2.2 "产出控制"措施

"产出控制"是通过调控海洋捕捞总量等资源"产出总量"直接调控资源开发量的管理措施。在中国，"产出控制"主要包括海洋捕捞总量控制制度和限额捕捞制度。

中国提出的实现 1999 年海洋捕捞产量"零增长"可以说是捕捞限额制度的开始；只不过它还不是一种制度而仅是一个目标。2000 年修订《渔业法》正式提出了在中国海洋渔业中实行捕捞限额制度，但在管理实践中一直没有量化政策目标。2004 年通过的《第十届全国人民代表大会常务委员会第十一次会议关于修改〈中华人民共和国渔业法〉的决定》在继续强调捕捞许可证制度的基础上，明确提出"根据捕捞量低于渔业资源增长量的原则，确定渔业资源的总许可捕捞量，实行捕捞限额制度"。2016 年，农业部发布《全国渔业发展第十三个五年规划（2016—2020 年）》，明确提出到 2020 年全国海洋捕捞总量要控制在 $1\,000×10^4$ t，比 2015 年的 $1\,314×10^4$ t 实际捕捞量减少了 $314×10^4$ t，并要求各海区要根据"双控"与"减船转产"制度，减少渔船数量，控制捕捞强度。

经过"十三五"规划前两年的探索，中国海洋渔业捕捞总量控制取得了一定的成效，2017 年全国海洋捕捞总量同比下降 5%。但是，由于中国长期以来对海洋渔业资源缺乏持续的科学调查评估与准确测算，中国海洋渔业资源总量控制制度只能按照统计数据中各省份历史捕捞量数据进行捕捞指标分配。这种指标分配方法并不科学，与实际海洋渔业资源可捕量并不完全匹配，且通过行政手段进行管理与调控的方式也难以持续(韩杨，2018)。

2017年初，农业部先后发布《关于进一步加强国内渔船管控实施海洋渔业资源总量管理的通知》及《关于开展海洋渔业资源限额捕捞试点工作的函》，进一步提出探索开展分品种限额捕捞，山东、浙江两省率先开始，分别以莱州湾海蜇和浙北渔场梭子蟹作为海洋渔业限额捕捞试点；2018年推广至辽宁、福建、广东等省。目前，沿海9省(区、市)自主选择本地特色海洋捕捞品种，相继开展了限额捕捞制度试点。

但是，由于近海渔业资源品种繁多、渔类洄游以及海域各种复杂因素，使限额捕捞管理面临诸多挑战。原有的海洋渔业资源治理措施中缺乏对特定品种、海域渔业资源的连续监测数据与科学调查评估，目前限额捕捞制度还无法科学设置合理的分配原则和分配方法，使这项制度还无法全面推广，仍然需要通过试点实践来探索其成效(韩杨，2018)。此外，由于限额捕捞制度试点标志着中国渔业管理"系统性制度变革"的开始，及时采取适当的绩效评价手段来总结"试点"的成效和经验，也十分必要。渔业治理是复杂的系统工程，针对渔业治理建立科学的评价体系，对于完善限额捕捞制度、提升渔业治理能力意义重大。

5.2.3　"技术控制"措施

迄今为止，"投入控制"和"技术控制"仍是世界上最为广泛、最早被运用的渔业管理措施。中国实施的"技术控制"主要包括伏季休渔制度和渔具渔法管理。

伏季休渔制度是中国在渔业资源管理方面采取的覆盖面最广、影响面最大、涉及渔船渔民最多、管理任务最重、最具实质性内容的一项保护管理措施。为阻止海洋渔业资源进一步恶化的势头，最终达到恢复渔业资源的目的，中国自 1995 年起开始在东海、黄海实行伏季休渔制度，随后又于 1999 年在南海实施伏季休渔制度，至此中国已在近海全面实施伏季休渔制度。1995—2018 年，中国的伏季休渔制度经过 13 次调整完善。2017 年起，中国进一步延长了伏季休渔的时间，延长到 4~4.5 个月。但是，休渔期过后，渔民往往加大捕捞强度，形成捕捞高峰，进而又抵消了伏季休渔的效果。伏季休渔制度仅为渔业资源提供了一个生长繁殖的时间与空间，而无法实现捕捞努力量控制的目标（侯景新，冯小妹，2010；黄硕琳，唐议，2019）。

为加强渔具渔法管理、保护渔业资源，农业部于 2003 年发布了《关于实施海洋捕捞网具最小网目尺寸制度的通告》，并从 2004 年 7 月 1 日起实施。为减轻渔业资源捕捞压力，2013 年 12 月，农业部又发布了《农业部关于实施海洋捕捞准用渔具和过渡渔具最小网目尺寸制度的通告》，针对中国四大海区提出了海洋捕捞准用渔具和过渡渔具最小网目尺寸。限制对幼鱼的捕捞是渔业资源养护与管理的最基本措施之一，但在实践中，最小网目尺寸、可捕标准、幼鱼比例管理均未得到有效执行。例如，东海区底拖网网囊最小网目尺寸规定不得小于 54 mm，但实际上，中国双船底拖网的网囊网目尺寸一般在 26~32 mm，并普遍使用了禁用的双层囊网，造成拖网渔获物中带鱼 1 龄鱼的比例占到了 70% 以上（张秋华等，2007；唐议，邹伟红，2010）。中国水产科学研究院黄海水产研究所在相关项目的支持下，完成了对近海渔具渔法的调查，完善了渔具渔法数据库，并对海洋捕捞刺网的材质和网眼尺寸进行了选择性测试，揭示了违规渔具的严重危害。

我国海洋渔业捕捞渔民多、渔船数量多、渔民文化水平和技能低、渔民对政策法规认知程度低、渔民转业成本高、海岸线长和海域宽阔导致的作业分散、捕捞业海上交易频繁、兼捕性强等因素(杨正勇，2005)，导致中国的渔业管理比世界上任何国家都更为复杂(黄硕琳，唐议，2019)，其限额捕捞(TAC)管理面临诸多挑战。中国目前有600多万渔民和近20万艘海洋捕捞渔船，其作业水域分布在从近岸一直到近海及外海的广阔水域。这些渔船的作业方式主要有拖网、围网、刺网、张网、钓具和其他方式，其主要捕捞对象包括底层、中层、上层各种鱼类、甲壳类和贝类近200种。与国外规模相对较小、渔具渔法相对单一、捕捞种类较为单纯的渔业相比，中国的海洋渔业的管理难度很大。

5.3　中国渔业资源养护措施

5.3.1　渔业资源增殖放流

在2006年颁布的《中国水生生物资源养护行动纲要》中，将渔业资源增殖作为水生生物资源养护的重要内容。为减缓和扭转渔业资源严重衰退的趋势，"十二五"期间，中国编制完成了《全国渔业生态修复工程建设规划》，加大了对渔业资源增殖与养护的支持力度。农业部相继设立了渔业资源增殖放流与养护相关的行业科研专项10余项，科技部也启动了国家科技支撑计划、国际合作项目等一批项目，研究内容涉及沿海、淡水和内陆湖泊等资源的增殖与养护、栖息地修复过程中存在的关键技术和共性技术问题。2013年，国务院召开"全国现代渔业建设工作"电视电话会议，明确现代渔业由水产养殖业、捕捞业、水产品加工流通业、增殖渔业、休闲渔业五大产业体系组成。提倡增殖渔业和休闲渔业，实质上是为缓解捕捞渔业对生物资源的压力提供了解决方案。

2016 年，农业部发布了《关于做好"十三五"水生生物增殖放流工作的指导意见》，强调通过采取统筹规划、合理布局、科学评估、强化监管、广泛宣传等措施，实现水生生物增殖放流事业科学、规范、有序发展，推动水生生物资源的有效恢复和可持续利用，促进水域生态文明建设和现代渔业可持续发展。指导意见指出，到 2020 年，将初步构建"区域特色鲜明、目标定位清晰、布局科学合理、评估体系完善、管理规范有效、综合效益显著"系统完善的水生生物增殖放流体系。近二三十年来，中国海水鱼类放流鱼种、数量均有较大的增加，"十五"期间中国合计放流海水鱼类约 179 亿尾；而"十一五"期间累计放流海水鱼类约 360 亿尾，比"十五"期间增加了一倍。"十二五"期间全国一共投入增殖放流资金近 50 亿元，放流水生生物苗种共计 1 600 多亿单位。多年来，中国增殖放流的水生生物种类也在不断增加，2000 年时全国放流种类不足 20 种，而 2013 年全国放流(海淡水)水生生物种类达 245 种，包括经济物种 199 种(其中鱼类为 138 种)和濒危物种 46 种。在"十三五"规划中确定了全国适宜放流的物种共 230 种，其中珍稀濒危物种 64 种。另外，中国目前正在通过"一带一路"倡议推动水生生物增殖放流工作国际化，已经开展了中韩、中越联合增殖放流活动。

近年来，为了更好地支撑海洋渔业增殖放流工作，中国渔业科技工作者在黄海、渤海、东海和南海水域筛选了资源增殖关键种，建立了这些资源增殖关键种在自然海域和生态调控区的生态容纳量模型，评估了其在不同海域的增殖容量；创制了不同资源增殖关键种的种质快速检测技术，构建了其增殖放流遗传风险评估框架。同时，研发了不同资源增殖关键种适宜的标志——回捕技术、苗种批量快速标志技术，对不同规格增殖关键种的增殖效果进行了评估，并根据增殖效果，结合投入产出比预估了其经济效益。目前，中国增殖放流的主要海洋生物种类包括中国对虾、海蜇、扇贝及数种海水鱼类等。2018 年"全国放鱼日"活动期间，全国同步举办增殖放流活动 300 多场，增殖各类水生生物苗种近 50 亿尾。

5.3.2 人工鱼礁、海洋牧场和休闲渔业

近年来，中国对近岸海洋牧场建设十分重视，也开展了大量研究。海洋牧场是基于生态学原理，充分利用自然生产力，运用现代工程技术和管理模式，通过生境修复和人工增殖，在适宜海域构建的兼具环境保护、资源养护和渔业持续产出功能的生态系统（杨红生等，2019）。中国海洋牧场建设的主要内容包括：海洋生态修复、增殖放流和构筑人工鱼礁。人工鱼礁是通过工程化的方式模仿自然生境，旨在保护、增殖或修复海洋生态系统的组成部分（唐启升，2019）。我国海洋牧场发展主要经历了三个阶段：一是人工鱼礁；二是人工鱼礁加增殖放流；三是海洋牧场（杨红生，2016）。至 2018 年，全国已建成国家级海洋牧场示范区 86 个，绝大多数采用的是人工鱼礁加增殖放流的管理模式。2017 年中央一号文件（原指中共中央每年发布的第一份文件，现已成为中共中央、国务院重视农村问题的专有名词）提出"发展现代化海洋牧场"；2018 年中央一号文件又进一步要求"建设现代化海洋牧场"；2019 年中央一号文件再次强调"推进海洋牧场建设"，这说明中国政府非常重视发展现代化海洋牧场。

在我国沿海很多地区，海洋牧场已经成为近年来海洋经济新的增长点，成为第一、第二、第三产业相互融合的重要依托，也成为沿海地区养护海洋生物资源、修复海域生态环境、实现渔业转型升级

的重要抓手。据不完全统计，截至2016年，黄渤海区投入海洋牧场建设资金44.52亿元，建设海洋牧场148个、涉及海域面积346.7 km^2，投放人工鱼礁1 805.4×10^4 m^3，建成人工鱼礁区面积157.1 km^2（农业部，2017），形成海珍品增殖型人工鱼礁、鱼类养护礁、藻礁、海藻场以及鲍、海参、海胆、贝、鱼和休闲渔业为一体的复合模式，具有物质循环型-多营养层次-综合增殖开发等特征，产出多以海珍品为主，兼具休闲垂钓功能，主要属于增殖型和休闲型海洋牧场。

截至2016年，东海区投入海洋牧场建设资金3.83亿元，建设海洋牧场23个、涉及海域面积235.7 km^2，投放人工鱼礁70×10^4 m^3，建成人工鱼礁区面积206.2 km^2（农业部，2017），形成了以功能型人工鱼礁、海藻床[海藻（草）场]以及近岸岛礁鱼类、甲壳类和休闲渔业为一体的立体复合型增殖开发的海洋牧场模式，主要属于养护型和休闲型海洋牧场。

截至2016年，南海区投入海洋牧场建设资金7.45亿元，建设海洋牧场74个、涉及海域面积270.2 km^2，投放人工鱼礁4 219.1×10^4 m^3，建成人工鱼礁区面积256.6 km^2（农业部，2017），形成了以生态型人工鱼礁、海藻场和经济贝类、热带亚热带优质鱼类以及休闲旅游为一体的海洋生态改良和增殖开发的海洋牧场模式，以生态保护以及鱼类、甲壳类和贝类产出为主，兼具休闲观光功能，主要属于养护型海洋牧场。

据测算，已建成的海洋牧场每年可产生直接经济效益319亿元、生态效益604亿元，年度固碳量19×10^4 t，消减氮16 844 t、磷1 684 t。另外，据统计，通过海洋牧场与海上观光旅游、休闲海钓等相结合，每年可接纳游客超过1 600万人次。将休闲渔业和美丽乡村建设与海洋牧场相结合，是目前全国沿海各地的普遍做法。近年来，全国休闲渔业规模不断扩大，休闲渔业总产值已连续数年保持

20%左右的年增长率(农业农村部渔业局, 2020; 全国水产技术推广总站, 2020)。

2017 年, 作为中国海洋大省的浙江省围绕大花园和美丽乡村建设, 按照"因地制宜, 合理规划, 形成特色, 示范带动"总体思路, 创建了一批省级和全国休闲渔业示范基地(渔业公园)、美丽渔村, 一大批上规模、上档次、多功能, 经济效益、社会效益显著的休闲渔业基地、休闲渔船和海钓基地等正在形成, 休闲渔业已成为渔业产业转型升级、渔业增效、渔民转产转业和持续稳定增收的新增长点。2017 年, 浙江省休闲渔业总产出 24.3 亿元, 接待游客人数 1 233.3 万人次, 拥有各类休闲渔业经营主体 2 406 个, 从业人员 2 万余人, 其中休闲渔船 786 艘、休闲基地面积约 $1.87 \times 10^4 \text{hm}^2$、人文景观景点 467 个、专业礁(船)钓项目 2 269 个。目前, 全省已拥有国家和省级休闲渔业知名品牌 202 家。其中, 国家级最美渔村、休闲渔业示范(精品)基地和有影响力的节庆赛事 28 家, 省级休闲渔业示范(精品)基地 174 家(浙江省海洋与渔业局, 2018)。

5.3.3 中国的海洋保护区和水产种质资源保护区

生物多样性是海洋生态系统健康的重要保证, 也是海洋渔业发展重要的物质基础; 海洋保护区(marine protected areas, MPA)则是保护生物多样性的有效举措。海洋保护区是国家或社会组织为保护海洋自然资源与生态环境而划出界线加以特殊保护的具有代表性的自然地带, 是保护海洋生物多样性, 防止海洋生态环境恶化的措施之一(曾江宁, 2019)。作为一种基于生态系统的资源管理方法, 海洋保护区受到联合国粮农组织(FAO)等国际组织和欧美各国的关注, 并将其作为渔业管理辅助手段进行推广。目前, 中国的海洋保护区共有三大类, 包括海洋自然保护区、海洋特别保护区和海洋水产种质资源保护区。

海洋自然保护区

中国的海洋保护区建设可追溯到 1963 年在渤海海域划定的蛇岛自然保护区。1980 年经国务院批准，与老铁山一起升级为蛇岛老铁山国家级自然保护区（曾江宁，2019），自此开启了我国海洋保护区建设和管理的序幕。之后，国家级海洋保护区数量一直处于缓慢的增长态势。1995 年，我国有关部门制定了《海洋自然保护区管理办法》，贯彻养护为主、适度开发、持续发展的方针，将各类海洋自然保护区划分为核心区、缓冲区和试验区，以加强海洋自然保护区建设和管理。2018 年，海洋保护区统一纳入国家公园为主体的自然保护地建设体系。截至 2018 年底，我国共建立各级各类海洋自然保护区 271 处，总面积达 $12.4×10^4 \ km^2$，其中国家级 106 处。海洋保护区总面积占中国管辖海域面积的 4.1%（生态环境部，2020）。

海洋特别保护区

2005 年，国家海洋局批准建立了第一个国家级海洋特别保护区——浙江乐清市西门岛国家级海洋特别保护区；此后，国家级海洋特别保护区的数量出现了快速增长。根据国家海洋局 2006 年颁布的《海洋特别保护区管理暂行办法》，海洋特别保护区是指"具有特殊地理条件、生态系统、生物与非生物资源及海洋开发利用特殊需要的区域，需要采取有效的保护措施和科学的开发方式进行特殊管理的区域"。根据规定，下列区域可以建立海洋特别保护区：①海洋生态系统敏感脆弱和具有重要生态服务功能的区域；②资源密度大或类型复杂、涉海产业多、开发强度高，需要协调管理的区域；③海洋资源和生态环境亟待恢复、整治的区域。

海洋水产种质资源保护区

中国的水产种质资源保护区是指为保护和合理利用水产种质资

源及其生存环境，在保护对象的产卵场、索饵场、越冬场、洄游通道等主要生长繁育区域依法划出一定面积的水域滩涂和必要的土地，予以特殊保护和管理。水产种质资源保护区分为国家级和省级，其中国家级水产种质资源保护区是指在国内国际有重大影响，具有重要经济价值、遗传育种价值或特殊生态保护和科研价值，或保护对象为重要的、洄游性的共用水产种质资源，经农业部评审、批准并公布为水产种质资源保护区。评审专家的专业方向应包括渔业、环保、水利、交通、海洋、生物保护等领域，以体现保护区的综合性多学科特点。迄今为止，农业部公布了8批国家级水产种质资源保护区，总共458处；其中海洋水产种质资源保护区52处。

目前，中国海洋保护区的管理体制机制、研究与发展水平与陆地保护区相比仍存在一定的差距；相较美国、加拿大、澳大利亚、英国等发达国家相对完善的保护区管理体制而言，我国海洋保护区的管理还不够严格，建设水平在不同管理层级和各地区之间参差不齐。总体而言，有关中国海洋保护区建设的几个关键问题尚需改进，包括选址和空间规划、保护措施和保护理念、监督和执法等。为了加强海洋生物资源及其关键生境保护，中国的海洋保护区布局和体制需充分融合地理学、海洋学、生态学等多学科，同时需要深入研究评价方法，以便对海洋保护区的状况及其保护和管理效果做出客观评价。

5.4　海洋生物资源管理新政策和新趋势

5.4.1　生态保护

近年来，生态文明建设已经成为中国的基本国策。现代中国的治国理念是：经济、社会和环境治理不以牺牲彼此为代价；相反，这些目标只有相互协调、相互配合才能实现可持续发展。中国通过对联合国可持续发展目标(SDGs)的明确承诺，向世界明确传达了这一新理念；可持续发展目标同样是旨在寻求经济、社会和环境的平衡与协调发展。2016年，中国制定并发布了《2030年可持续发展议程》国家实施计划，并为每个可持续发展目标制订了行动计划。关于第十四个可持续发展目标(SDG14"水下生物")，中国已采取了几项重要措施来保护和可持续利用海洋生物资源，包括划定生态红线，将中国30%的海域和35%的海岸线置于红线保护范围之内。中国通过生态红线扩大了海洋生态保护范围，加强了执法力度；制定了更严格的陆源污染物排放标准；改善了沿海地区的污染处理设施和污水管网。

在海洋领域，国家海洋局与国家发展改革委在2017年联合发布的《"一带一路"建设海上合作设想》中，提出了通过"一带一路"倡议推动在国际上实现上述三项基本目标的路径。该文件强调了海洋生物资源的重要性，同时指出需要改善整个地区的海水养殖和渔业管理以及栖息地和生物多样性的保护。

通过"一带一路"倡议和其他渠道，中国可以在国际海洋生物资源可持续利用方面做出贡献，但前提是中国必须在近海生物资源养护方面取得显著进展，并能够将成功经验分享到"一带一路"沿线国家。为此，一系列旨在改善中国海洋生物资源管理的方针政策将发挥重要作用。如前所述，"十三五"规划针对生态文明提出了更高要求；而在此之前，中国已经开始通过新政策控制海水养殖业的不合理增长和对环境的影响，包括限定2020年海水养殖总面积上限以及渔业"十三五"规划提出的"减量增收、提质增效和绿色发展"原则。许可证管理、监测和执法正在逐步加强，有效缓解了沿海地区的过度开发。当然，改革不可能一蹴而就，中国尤其需要在海洋生物资源养护和治理方面做出坚持不懈的努力。

5.4.2 海水养殖

2017 年 1 月,《全国渔业发展第十三个五年规划》发布,提出"提质增效,减量增收"的发展目标,同时也提出要"完善养殖水域滩涂规划。科学划定养殖区域,明确限养区和禁养区,合理布局海水养殖,调整优化淡水养殖,稳定基本养殖水域,科学确定养殖容量和品种"。随着相关政策的落实,全国沿海多地都开展了"退养还滩"和"海岸带整治修复"工作,不少养殖场被拆除。这也使得中国海水养殖产量的年增长率显著下降(从之前年增长 4% ~ 6% 下降到最近三年的不足 2%)。据 FAO(2020)预测,未来几年,中国在全球食用鱼产品养殖产量中所占的份额将从 2018 年的 57.9%进一步下降。

从 2018 年至今,全国沿海市县认真细致地开展了水产养殖"三区"(禁养区、限养区、养殖区)划定工作,陆续编制完成了本地区的养殖水域滩涂规划(2018—2030 年)。不过,划定限养区和禁养区后,水产养殖面积将面临大规模缩减,一些粗放的养殖方式将受到限制,渔业发展、渔民增收可能会面临较大的挑战;与此同时,一些传统养殖水域、一些"两证齐全"或者不具有两证的养殖户则面临着转产甚至转行的压力。从"以养为主"到"退养还滩"的政策过渡,给管理者和产业经营者均带来一系列挑战。为了缓解各种压力,提振相关利益主体的信心,在 2019 年颁布的《关于加快推进水产养殖业绿色发展的若干意见》中,农业农村部再次强调了水产养殖业发展中应始终坚持的原则:将绿色发展理念贯穿于水产养殖生产全过程,推行生态健康养殖模式,发挥水产养殖业在山水林田湖草系统治理中的生态服务功能,大力发展优质、特色、绿色、生态的水产品。

5.4.3 海洋捕捞

2006 年以来的渔业油价补贴政策覆盖面广、补贴规模大、持续时间长，扭曲了价格信号，是与渔民减船转产相互矛盾的政策。因此，在 2015 年财政部和农业部联合发出的《关于调整国内渔业捕捞和养殖业油价补贴政策促进渔业持续健康发展的通知》中，规定要调整补贴方式，增加减（渔）船补贴和渔船报废补贴；制订了海洋捕捞渔船及功率指标总体压减 10% 左右的分年度实施计划以及渔船更新改造的目标和分年度计划；同时提出加大打击涉渔"三无"船舶和各类非法作业的力度，整治船证不符、违法违规使用渔具和渔业水域污染等行为。

为了贯彻落实"十三五"规划，农业部于 2017 年初发布了一项新的渔业政策，同时设定了减少总捕捞量、减少渔船数量和总发动机功率的国家目标（限额管理+双控）。此外，该政策还涉及省级和地方层面详细的渔业管理机制，包括改进种群评估，通过监测来支持种群评估并确保合法捕捞，给予渔业生产者捕捞权和参与渔业管理的机会以及更多地采取产出控制措施。中国的政策改革高度依赖于试点项目，这也是为了让省市各级政府通过"试行"来探索实现国家目标的途径。由于产出控制措施标志着中国渔业管理领域的一项颠覆性重大变革，因此针对这项农业部新政，浙江、山东、辽宁、福建和广东等沿海省（区）市先后启动了针对不同捕捞渔业品种的海洋渔业限额管理试点项目。

6　海洋生物资源管理的国际经验

联合国粮农组织编制的《2020 年世界渔业和水产养殖状况》报告称，全球渔业产量于 2018 年创下 1.785×10^8 t 的新高，其中，海洋捕捞渔业产量达到了 $8\,440 \times 10^4$ t 的创纪录水平，海水养殖产量达到了 $3\,080 \times 10^4$ t(FAO，2020)。然而，当我们从全球海洋渔业资源的健康状况及其继续为全球沿海社区提供粮食、收入和生计的能力方面进行评估时，情况并不乐观。根据评估结果，约 40% 的渔业已被充分开发，说明这些渔业虽然已经达到了目标产量，但未来增产的可能性极低；而另外的 40% 则处于过度开发或崩溃状态，即当前产量已经不可持续或已经开始下降(Costello et al.，2016)。全球渔业处于过度开发和崩溃的比例实际上可能更高，因为目前许多国家的渔业评估能力不足，而这些未经评估的渔业并未被纳入全球趋势统计。事实上，这些国家的渔业资源更有可能已经被消耗殆尽(Costello et al.，2012)。如果不改善渔业管理，未来的捕捞业将不太可能维持现有的产量(图 6.1)。

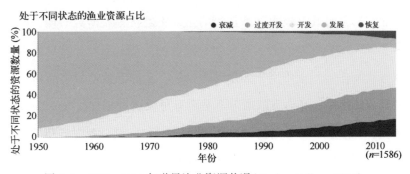

图 6.1　1950—2015 年世界渔业资源状况(Pauly，Zeller，2015)

本章主要作者：YOUNG Jeff，刘慧，KRITZER Jacob，孙芳，陈新颖，刘侃，高凌云，穆泉。

过度捕捞是当今世界许多渔业产业面临的最突出的问题。由于捕捞船队数量多、分布广，捕捞过程中会导致被捕捞生物的直接死亡，且往往会对生境产生附带影响，因此过度捕捞仍然是全球海洋健康和生物多样性最主要的威胁之一。造成过度捕捞的一个最主要的原因是许多国家缺乏实现渔业资源可持续管理所需的科学技术、治理能力和财力，而这些问题在发展中国家尤为突出。这通常会导致所谓的产能过剩，即目前投入的捕捞努力量超出可利用渔业种群的数量。渔民每年的捕捞量超过了维持渔业种群的鱼类数量，而当某一物种（高营养级、高价值）的资源开始枯竭时，渔民们就转而捕捞（较低营养级的）其他物种，这种现象被称为"沿食物网向下捕捞"（Pauly et al.，1998；Pauly，Palomares，2005）。当然，除了过度捕捞以外还有许多其他因素影响着渔业资源，不仅包括海洋环境污染和沿海开发活动，还包括气候变化这一或许影响最大的因素。

最近的评估表明，停止过度捕捞实际上能够促进哺乳动物、鸟类、海龟等海洋野生动物的物种恢复，这也间接说明了过度捕捞对生态系统所造成的严重影响（Burgess et al.，2018）。如果能够重建目前已经崩溃的渔业资源，并确保重建后实行可持续捕捞管理，这些渔业在未来将具有极大的增产潜力。生物经济模型研究表明，改善渔业管理水平可以抵消气候变化对渔业的影响；当然，这也要看全球气候变化的严重程度，如果管理得当，全球渔业产量将有可能维持其总体水平，在乐观的情况下甚至有可能适度增加（Gaines et al.，2018）。除此以外，解决环境污染和城市排污问题、减少和扭转滨海开发的环境影响等做法都能促进鱼类栖息地的改善，进而保障渔业种群的健康。

尽管过度捕捞和海水养殖管理方面的问题是全球面临的共同挑战，但发达国家已经采用的解决办法和研发的专业技术却未能在全球普及。研究表明，发达国家的渔业管理始于 20 世纪 90 年代，目前他们已经开始把渔业发展重心转移到发展中国家基本上未被评估的渔业上(Worm et al.，2009)。发展中国家的捕捞和养殖鱼类总产量在过去 30 年间增长了一倍之多，占目前全球鱼类出口量的一半以上(FAO，2020)。那些我们最不了解、最缺乏管理的渔业同时也成为了目前开发程度最高、情况最严峻的渔业。

考虑到中国的人口规模、海岸线长度以及依赖海洋生物资源为生的人口数量，中国在渔业管理方面所面临的挑战也是独一无二的。不过，中国政府已经认识到问题的严重性，近期的监管和政策措施表现出加强海洋生物资源管理、建设"海洋生态文明"的强烈政治意愿。通过研究面临相似挑战的其他国家在生物资源管理方面所采取的管理措施，探讨不同国家不同方法体系的设计和制定方式，了解有效的解决办法、执行方案以及可以进一步改善的领域，都将能够为中国提供宝贵的经验借鉴，而中国也可以适当考虑在完善管理体系的过程中取长补短。此外，中国可以充分利用"一带一路"绿色发展国际联盟等机制，与其他国家分享海洋生物资源管理方面的宝贵技术专长和经验，逐渐成为海洋生物资源可持续发展领域的思想领袖。

下文中的案例分析展示了其他国家是如何在环境监测、一体化综合空间规划、侧重于海洋渔业长期价值而非捕捞产量的管理思路、面向全球变化的适应性管理升级和转型等方面应对气候变化等复杂问题的。这些案例可以为中国的海洋生态文明建设提供宝贵的经验和思路。

6.1　加强监测以促进管理

在缺乏准确或完整数据信息的情况下，海洋生物资源管理将十分困难，其至难以进行。对海洋生物资源管理来说，最重要的就是监测，也就是数据采集，包括水产养殖和捕捞渔业的生产情况以及生态系统健康数据，以此来指导决策，监督行业改善状况，并落实管理措施。监测还能反映出政府管理的效果，有时会揭示出乎意料的模式或信息，促进科学研究的发展。此外，监测还有助于发现违法行为，进而辅助执法。因此，加强监测无疑可以改进管理、决策和执法效果，但监测往往会受到能力和资金的制约。以下案例证明了监测的重要性，也提供了海洋生物资源管理当中可以采用的新型监测方法。

6.1.1 信息公开促进了挪威水产养殖治理

及时采集、分析和分享不同区域或者生态系统的数据，可以帮助经营者、渔民、企业、管理者和其他相关利益主体就海洋生物资源管理做出更明智的决策。挪威大西洋鲑(三文鱼)养殖管理信息系统就是这样一个典型案例，说明合理采集和使用信息有助于改善水产养殖管理。

挪威是欧洲最大的养殖水产品出口国，在全球排名第六位。挪威地形狭长，海岸线蜿蜒曲折，全国80%的人口都生活在离海不到10km的区域内，而且包括油气、航运、城市化和水产养殖业本身在内的各种行业也都聚集在近海和岸线上，因此，确保水产养殖活动受到良好监管，将水产养殖的负面影响最小化至关重要。挪威的渔业和水产养殖管理部门是挪威渔业署。挪威渔业署专门建立了一个基于地理信息系统(Geographic Information System，GIS)的三文鱼养殖企业管理系统(图6.2)，该网站不仅包含政府许可的每个养殖场的位置、(养殖鱼类)库存和运营状态，而且还包含每次的环境影响评价结果。挪威的所有三文鱼养殖许可证都要在这个系统中登记注册，并且每个养殖场都必须通过网站每周向渔业署提交库存报告。政府检查员每月对养殖场进行例行抽查。这种近乎实时的数据共享极大地促进了海水养殖管理，使科学家能够预测三文鱼养殖对环境的影响，例如鱼虱(一种三文鱼寄生虫病害)的扩散，以便适时提出预防措施建议。

渔业署网站上三文鱼养殖管理系统有13个主题图层，涵盖所有养殖场的位置、每个养殖场的注册区域、网箱的固定位置、养殖物种的生物量、养殖三文鱼逃逸情况、环境条件、鱼病、沿海捕捞渔业数据、各种峡湾地理环境数据、海上交通、(欧盟)水框架指令、天气和风力风向，以及管理信息等(图6.2)(刘慧等，2021)。

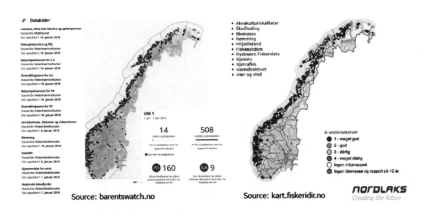

图6.2　挪威渔业署网站上公布的水产养殖场的生产和环境数据

(https：//kart. fiskeridir. no/)

数据和信息公开有助于利益相关方了解政府决策，促进不同利益主体之间的信任，并建立起强大的问责机制。科学家可以通过数据检索和分析，针对具体问题提出更好的解决方案。三文鱼养殖场的业主和经营者能够在线查看养殖场周边的环境状况或养殖病害发生情况，并做好相应的准备。通过采集更多的数据，政府能够更准确、更全面地了解影响水产养殖或受到水产养殖活动影响的外部因素，进而强化管理。

在中国，近年来随着一些省级渔业行政部门和海水养殖企业建立了中试规模的水产养殖数据采集系统，智能水产养殖技术在中国变得越来越受欢迎。数据采集是一个很好的起点，应该继续并扩大这种努力。不过，数据采集系统的设计应该具有针对性；不应为了采集数据而采集数据，而是应该利用采集到的数据来解答与生态系统健康和管理效能有关的特定问题。最重要的是，应确保数据能够真实反映水产养殖业的绩效和环境影响，从而支撑管理决策。此外，还应建立灵活的管理机制和法律框架，以便适时更新和改进管理措施。

6.1.2 美国太平洋鳕渔业的电子监控

即便渔民和管理者认识到监测和数据采集的重要性，但考虑到巨大成本和资源投入，建立这样的信息系统并非轻而易举的事。不过，随着信息采集和处理技术的发展，克服这些挑战已经成为可能。以下案例研究说明了科学技术可以辅助甚至取代海洋渔业中基于观察员的传统监测手段，从而有效地解决上述问题。

美国的太平洋鳕(Pacific whiting)渔场有35艘捕捞渔船作业，目前采用年总允许捕捞量配额管理制度(McElderry，2013)。制度实行初期，渔船只需要遵守有关上岸渔获物的相关规定。但这种管理模式变相鼓励了渔船对兼捕和非目标渔获物种的海上丢弃行为。因此，政府修改并制定了新的法规和制度，开始对渔船捕捞的所有物种进行监管，其中包括丢弃渔获物。

为了确保渔民遵守新法规和制度，政府和渔场需要建立一个包括海上问责的新型综合监测系统，确保渔船在出海作业的过程中也能受到主管部门的监督。但传统的观察员制度并不适用于太平洋鳕渔业，因为船队作业航次通常较短且不容易引起观察员的注意，因此继续沿用观察员制并不是一个明智的选择，会给实际的执法过程带来困难。

为了克服上述困难，政府与群岛海洋研究公司（Archipelago Marine Research）合作研发了海洋渔业自动电子监控系统。该系统由四个船载摄像头、多个渔具传感器以及一个全球定位系统（Global Positioning System，GPS）接收器组成。系统收集到的数据将会储存在船上的计算机硬盘中。相关技术人员每两周进行一次数据采集，并将所有数据送到相关机构进行审查。同时渔民仍然需要进行渔捞日志记录，用于与电子数据进行对比（Lowman et al.，2013）。

技术人员会定期对这些电子数据进行检查和筛选，一方面会检查渔船是否在禁捕区内进行未经允许的捕捞活动或丢弃渔获物，另一方面会整合渔业相关的重要统计数据，为渔业从业人员和管理人员提供信息数据支持。在这一项目实施至今的 7 年时间里，渔获物丢弃率成功减少了 90%，数据采集的效率提高了 98%。但由于政府于 2011 年进行制度改革，要求所有渔船 100% 采用观察员制度，该试点计划不幸终止。事实证明，每一艘渔船配备一名观察员的做法对整个行业来说成本太高，因此现在海洋渔业正在尝试恢复使用电子监控系统。

但正如人们所想，人工视频录像审查也存在一定的执行困难，因为雇用视频分析人员本身也是成本较高的做法。因此科研机构正在研发相应的电子分析技术，并积极启动相关的试点项目，希望可以通过计算机完成影像分析。具体的做法是通过计算机编程识别视频中的放网和收网时间，从而准确地记录具体的捕捞活动。由于设备只会在捕捞的过程中触发录像功能，这种程序设置可以大大减少无关画面的录入，提高视频资料的质量，从而减少视频分析人员的工作量。随着电子分析和人工智能技术的发展和普及，渔获量检查、物种识别以及其他数据收集和分析有望全部由计算机来完成，从而为渔业管理提供准确、完整、全面的信息数据。

近年来，中国已开始使用渔船定位系统，为伏季休渔期间的海洋执法提供了便利。这种系统同时也可以应用于其他区域性限额捕捞的执法。电子监控系统可以帮助政府及渔业管理部门实时或近乎实时地得到捕捞船只的渔获数据，从而了解实际的捕捞物种和具体的捕捞时间。这种信息数据采集一方面有助于对鱼类大小或数量的捕捞限制进行监管，另一方面可以为渔业管理提供科学的数据。目前，全球范围内分别研发了适用于拖网、围网、刺网、笼壶、延绳钓等渔具的电子监控技术（van Helmond et al., 2019），以满足捕捞渔船的管理需要。预计在不久的将来，机器学习和人工智能定位技术的发展和普及将进一步拓宽电子监控在渔业管理领域的应用范围，包括更高分辨率的电子监控以及大批量、多物种渔获物的产量数据收集。中国需要根据自身的需求研发基于人工智能的先进图像处理技术，进行捕捞物种类型、地点和数量的鉴别，从而满足渔业管理和科学研究的具体需求，尤其是实施或在更大范围内推广基于产出控制的总可捕量管理。

6.2　整体认识与综合规划

为了实现海洋生物资源的综合管理，需要对海洋空间内存在资源竞争的活动进行评估，并对这些活动的发展进行权衡。与空间规划、生态系统服务、水产养殖密度以及其他渔业活动有关的科学研究能够极大地提高渔业空间规划的信息质量，有助于决策的制定。

将一体化管理方法与管理机构和利益相关方的决策参与相结合，将有助于最大化海洋资源所带来的利益，同时也能尽量减少资源利用和开发所带来的环境影响以及利益相关方之间的冲突。下面的若干案例阐述了其他国家是如何利用整体和综合方法来管理海洋生物资源的。

6.2.1　挪威：生态优先排序

挪威最近设计完成并实施了针对所有海洋资源利用和协调的综合管理体系（即"挪威海计划"）。挪威的海洋面积是其陆地面积的 6 倍。在海洋空间进行的大量经济活动包括渔业、海上运输、石油和能源开采。不同的资源使用者之间的冲突时有发生。以挪威的油气产业为例，自 1971 年于北海开始开采作业起就受到渔民的抗议和反对，因为油气公司剥夺了渔民出入渔场的权利。公众也担心油气行业的存在会对海洋资源造成影响。这种担忧在 20 世纪 70 年代后期发生首次重大石油泄漏事件后变得更为强烈。

20 世纪 90 年代末，挪威政府已经对海洋环境采取了相应的保护措施，但在管理不同行业的过程中遇到了困难。2001 年，挪威开始对其部分海域统一实行综合管理计划（Ottersen et al., 2011）。采取这一举措的部分原因是因为挪威不久之前通过的《水资源法》要求对河流系统和地下水资源的管理须符合社区利益。为了制订该计划，挪威政府首先设法明确该海洋生态系统中的生物、社会和经济情况以及在规划空间内进行的所有活动；然后政府对所有相关的行业进行了产业影响评估，一方面研究各种生产活动之间的相互作用或影响，另一方面研究这些生产活动对海洋生态系统的作用或影响（Pettersen，2015）。

计划的第一版最终采用了特定设计法，完成了对巴伦支海–罗弗敦（BSL）地区的首个国家级海洋空间管理规划，历时 4 年完成（表

6.1）。在计划制订的第一阶段，渔业与海洋事务部、石油与能源部、外交部共同设立了一个指导委员会，劳动与社会融合部和贸易与工业部随后于 2005 年加入。该指导委员会的任务是通过确定规划的总体宗旨和目标以及划定 BSL 计划的规划管理领域，对规划进行协调管理。政府在挪威极地研究所和海洋研究所的协助下完成了生态环境状况地理信息图的整合，并运用 GIS 工具对这些区域进行分析，确定了四个"生态高度脆弱区域"（Knol，2010）。最终，BSL 计划拟编制一份综合管理计划，覆盖生态高度脆弱区域共 $140×10^4$ km²，通过实现对生态高度脆弱区域的重点管理，达到行业共存、生态系统结构保护、生态功能完善和环境生产力提高的目的。

确定上述目标和区域后，指导委员会进入了综合管理计划制订的分析阶段（第二阶段）。在此期间，有关政府部门委托研究机构对划定区域进行了环境影响评估，一方面确定渔业、海上运输等部门的影响，另一方面确定气候变化、污染等外部因素对计划涵盖的海洋空间的影响。四个"生态高度脆弱区域"的环境影响评估均使用了相同的评估变量，以确保四项评估结果的兼容性。研究机构对四份报告的评估结果进行整合后启动了同行评审程序，不仅邀请公众参加公开听证会，还邀请了企业、非政府组织、地方和区域政府管理部门以及学术界的利益相关方参与线上研讨会，对评估结果进行讨论并提出建议和反馈（Knol，2010）。在广泛咨询社会各界的意见后，指导委员会成立了一个由政府部门和研究机构组成的专家组，专门负责整合第一、第二阶段的研究结果，并为综合管理计划设定愿景、战略目标和管理目标。专家组最终确定了以生物多样性、创造生态价值的社会经济目标、污染和环境风险等主题为重点的具体规划目标。随后，上述规划步骤被用于制订挪威海和北海的综合规划，共计完成了三份海洋规划。这些规划旨在通过促进海洋资源的可持续

利用和维护自然生态系统的完整性，提高海洋生态系统的价值
（Schive，2018）。

表 6.1 制订巴伦支海-罗弗敦计划的三个阶段的时间线（Olsen et al.，2007）

2002 年			2006 年
第一阶段	第二阶段	第三阶段	
现状信息	战略环境评价	综合评估	巴伦支海-罗弗敦区域综合管理计划
·重要领域	·渔业	·管理目标	
·环境和资源	·海上运输	·环境监测	
·经济活动	·石油开采	·全部人类影响	
·社会经济条件	·外部压力	·脆弱区域和利益冲突	
范围界定		·认知差距	
·划定管理区域			
·制定目标			

这是挪威第一次实施基于生态系统的综合管理，遇到若干障碍
在所难免。在生态影响评估（ecological impact assessments，EIA）的过
程中，由于在对单一资源的实际功能或隐含经济价值的评估方面缺
乏统一的标准，因此出现了不同报告中同一类资源被划入不同的生
态功能范畴的情况。另外，由于生态影响评估采用五分制的评分标
准，将影响程度由低到高划分为影响不显著到灾难性影响等五种情
况，判断标准较为主观，因此出现了同种影响在不同评估报告中给
予的评分不同的情况（Ottersen et al.，2011）。由于"挪威海计划"评
分的标准化程度相对较高，上述问题在实施该计划的过程中得到了
部分解决。在进行第二阶段的评估时，研究人员发现目前对海鸟、
海床状况、环境有害物质水平趋势及其影响等方面的了解和研究严
重不足（Knol，2010）。为了填补上述方面的科研空白，政府加大了
对 MAREANO（该项目旨在了解挪威海域的深度、海洋条件、生境类
型和污染情况）和 SEAPOP（该项目旨在研究海鸟种群）两个国家级研

究项目的资金支持。受到科研工作的启发，指导委员会和研究人员在制订综合管理计划的过程中也将上述内容纳入考虑范围，并以识别生态系统的关键组成部分，确定污染、鱼类资源、海洋哺乳动物、海鸟、底栖动物和生境等领域的环境现状为目标，制定了相应的生态质量目标和生物指标。

为了实现可持续资源利用与生态保护的平衡，规划和管理过程由多个政府机构参与，在广泛听取了利益相关方的大量意见的同时开展了深入的科学研究。对于这类复杂的规划过程，一个非常值得借鉴的方法是在过程的初期首先确定重点规划的领域和亟待解决的问题。确定规划重点的主要评判标准包括价值和脆弱性两个方面：价值判断是基于生产力价值和生物多样性方面的生态价值；生态系统的脆弱性则根据该生态系统内所有生物的种群密度、物种重要生活史阶段、固着生物的物种和种群丰度、洄游路径等进行评估（Winther，2018）。这些关键条件构成了海洋综合管理的生态学基础，其他用海活动必须以此为核心，并且不能对其产生负面影响。尽管政府仍将对各类用海活动实行日常监管，但会在此基础上将所有管理内容围绕生态优先的原则进行整合，建立管治范围广、管治内容相互依托的管理体系。通过基于生态系统的国家级规划项目，挪威不仅建立和实施了综合管理体系，而且建立了以海洋生态脆弱性为评判标准的海洋分区方法（图6.3），并成功辨别出科学认知方面的缺失。

挪威研发的空间规划模型和框架可以为中国提供若干的经验借鉴。中国已经编制了《全国海洋功能区划》，开始建立海洋保护区并制订海洋生态环境恢复计划，但对于中国各级管理机构来说，在污染防治、资源管理和环境监测等方面还有很大的合作空间，未来也可以考虑建立更为综合全面的海洋管理体系。这种机构间的有效协作可以促进各海洋产业之间对海洋环境和资源利用目标的融合和统一，加强对重点管理目标的选择和制定工作，同时充分考虑和权衡各方利益，实现环境、社会、经济利益最大化。

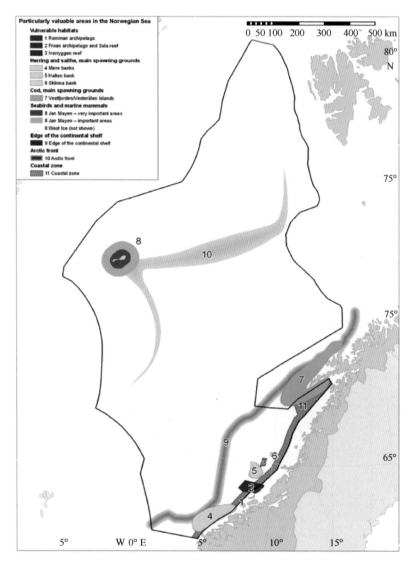

图6.3　挪威巴伦支海–罗弗敦管理计划区内的具有较高生态价值区域

（具体说明请参见图例）(Ottersen et al., 2011)

6.2.2　美国：切萨皮克湾地区基于生态系统的综合管理

切萨皮克湾是美国第一大、世界第三大河口湾，也是美国具有最重要生态和人文功能的海湾之一。海湾的开放水域面积近4 500 n mile^2，湾岸线长度近 1.2×10^4 n mile，其流域面积覆盖北美东部约 6.4×10^4 n mile^2 的沿海平原、山麓和山区省份。切萨皮克湾流域长度逾 500 n mile，流经弗吉尼亚、马里兰、宾夕法尼亚、特拉华、纽约和西弗吉尼亚 6 个州以及美国首都华盛顿特区(见图 6.4)。

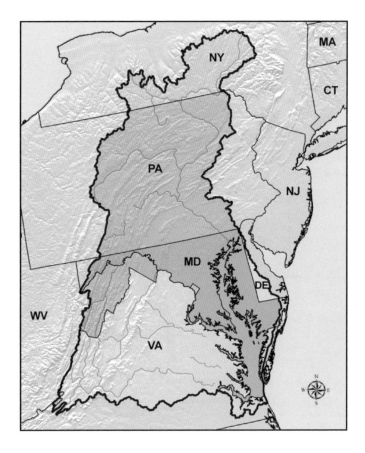

图 6.4　切萨皮克湾流域(USDA NRCS, 2008)

切萨皮克湾的中部地区属于中盐度水域，在咸淡水混合的河口区域之中密度较轻的淡水因流量较大而阻止了密度较大的海水倒灌入湾。咸水湾中的主要生境包括盐沼、海草床和牡蛎礁，对本地定居性鱼类、洄游性鱼类、贝类和迁徙水鸟等物种的生存至关重要。该海域最有价值的水产物种包括占全国产量1/3左右的蓝蟹以及兼具商业和休闲渔业价值的牡蛎和条纹鲈。

自17世纪早期欧洲殖民统治开始以来，切萨皮克湾流域的人口大量增长。流域人口现已达1 820万，是1950年人口的两倍多，并有望在15年内突破2 000万。其中，1980—2017年间增长幅度达到了43%（CBP，2012）。沿海地区人口的快速增长导致大规模的城市、住宅、农业等用途的土地开发以及渔业、休闲游船、航运等方面的水资源利用，生态系统也因此发生了极大的变化。长期的资源过度利用和生态系统的严重退化造成了湾区水质和渔业前景的恶化。污水处理厂、农场以及大气氮沉降等点源和面源所产生的过度排放致使微藻藻华暴发、浮游植物群落结构改变以及底层水缺氧（CBP，2012）。过去，水体缺氧曾经导致了湾区各个河口生态环境中大量的鱼类死亡，并导致有毒鞭毛藻类的周期性藻华暴发，这也是鱼类和其他水生生物大量死亡的另一个主要原因。久而久之，这些负面的环境后果加剧了牡蛎礁、海草床、滨海湿地等生境的严重退化，成为除了密集捕捞作业活动以外对切萨皮克湾海洋资源造成影响的直接因素。

政府和社会各界虽然已经注意到了这些环境问题，但由于牵涉的土地和水资源主管部门或个人较多（如私有土地所有者，城市、州和联邦政府），很难协调所有利益相关方，导致综合管理政策的实施和执行变得尤为困难。以环境法为例，美国《清洁水法》（Clean Water Act）、联邦《海岸带管理法》（Coastal Zone Management Act）以及《马

格努森 - 史蒂文斯渔业管理法》（Magnusson-Stevens Fisheries Management Act）等诸多环境法案都对切萨皮克湾的各类生产活动进行了规范。这些法案的侧重点各有不同，却又具有一定的相关性，且分别由不同的机构负责管理。例如，美国环境保护署（EPA）负责制定污染排放许可和水质管理标准，但具体实施由各州负责。美国《清洁水法》中有关湿地保护的部分仍由 EPA 负责管理，但由另一独立机构美国陆军工程兵团（USACE）负责实施。联邦《海岸带管理法》主要涉及沿海地区的土地使用规划，但规定由各州和地方管辖部门负责具体的管理事务。主要规范渔业资源管理的《马格努森–史蒂文斯渔业管理法》则由美国商务部这个与海洋环境保护完全不相关的部门负责实施，其中渔业管理政策的制定权移交给了由各州代表组成的区域渔业管理委员会，商务部仅保留对最终决策的审批权。

由此可见，对与海洋环境相关的各个领域的治理和相应管理机构的设置是一门极为复杂的科学，稍有不慎就会形成管理漏洞并造成信息脱节，极大地增加资源综合管理的难度。而美国的做法是：通过建立州际协议或区域委员会来实现跨辖区的统一管理。以大西洋近岸海域渔业资源管理为例，相关管理事务就由美国大西洋海洋渔业委员会（Atlantic States Marine Fisheries Commission，ASMFC）负责统筹。ASMFC 是在联邦法律授权的州际协议下建立的区域委员会，不仅负责管理大西洋中部大部分具有经济价值的有鳍鱼类（包括所有溯河产卵的物种以及大多数其他物种），而且会对包括气候变化在内的应对跨领域挑战的关键议题进行深入研究。波托马克河渔业委员会是另一个通过区域机构对海洋资源进行管理的例子。该委员会由两个州组建，负责管理包括哥伦比亚特区与切萨皮克湾之间波托马克河干流咸水影响区域内的所有渔业捕捞活动，并协调弗吉尼亚州、马里兰州和哥伦比亚特区之间的渔业管理事务。

切萨皮克湾计划(Chesapeake Bay Program, CBP)是综合管理方面一个很重要的案例。在经国会研究后得出污染物排放是造成海洋生物资源锐减的主要原因后,切萨皮克湾计划于1983年启动。该计划旨在通过跨区域以及各个利益主体之间的合作,对政策的制定和执行、资金的统筹和科研技术能力的分配进行多方协调,并确定可量化的目标及目标完成的期限。该计划也是美国《清洁水法》(第320节)修正案中关于建立和实施国家河口计划(National Estuary Program, NEP)的一个附属项目。NEP的目的是在不影响单个计划的完整性,也不影响各级政府机构权威性的情况下,对联邦层级的区域管理计划和机构进行地方性的协调,从而实现以河口流域为单位的综合管理体系。而所有NEP项目的具体目标则通过制订和实施相应的综合保护与管理计划(Comprehensive Conservation and Management Plans, CCMPs)来实现。

由于40多年前切萨皮克湾沿岸州的污染情况最为严峻,因此该海湾是美国第一个被列为实行综合保护规划的河口生态系统。20世纪70年代,国会拨款2 700万美元启动了为期五年的对切萨皮克湾环境问题的研究,并于80年代初发布研究结果。弗吉尼亚州和马里兰州于1980年签订州际协议成立了切萨皮克湾委员会,宾夕法尼亚州随后于1985年加入。1983年,EPA、弗吉尼亚州政府、马里兰州政府、宾夕法尼亚州政府、哥伦比亚特区区长以及切萨皮克湾委员会共同签署了《切萨皮克湾协议》(Chesapeake Bay Agreement)(CBP, 1983)。如今的切萨皮克湾委员会是切萨皮克湾计划的立法机构,成员由上述机构的指定代表组成。

切萨皮克湾计划初期的主要任务是针对营养盐污染及其对海湾生态、社会和经济造成的影响制定治理方案和协调行动。1987年,《切萨皮克湾协议》修订案正式提出了首个污染物控制的定量指标,即到2000年污染物排放量降低40%(CBP, 1987)。该区域协议所包含的对污染物排放总量控制的量化指标以及指标完成的具体期限在当时都是史无前例的，但这种做法目前已成为 CBP 的惯例。1992 年对《切萨皮克湾协议》进行再次修订时，CBP 开始加大对污染物的管控力度，并将有毒物质纳入管治范围。2000 年，切萨皮克湾上游的纽约州和特拉华州正式承诺加入流域污染物控制的行列，使得切萨皮克湾计划得以再次扩展。最后一个流域成员西弗吉尼亚州于 2002 年加入（CBP，2000）。

尽管该计划投入了大量的人力物力，但实际成效却低于预期。在生境恢复和各方合作协调方面，该计划的土地养护、河岸森林缓冲带建设、重新开辟鱼类洄游通道等项目取得了显著进展，但实际对流域下游环境改善方面（包括营养盐控制和牡蛎礁恢复）的影响却差强人意。2009 年，美国总统奥巴马再度强调了环境综合保护的重要性，并签署了一项行政令要求联邦机构对相关问题予以充分关注。

2010 年，EPA 根据联邦政策与七个流域沿岸州合作制定并实施了最大日负荷总量（total maximum daily load，TMDL）制度。该制度是一套正式的、有法律约束力的污染物排放管治目标，其中规定了整个湾区到 2025 年必须实现的硬性减排指标，即氮的年总排放量从目前的 $2.84×10^8$ lb（$12.9×10^4$ t）减少至 $2×10^8$ lb（$9×10^4$ t），磷的年总排放量从目前的 $1\,630×10^4$ lb（$7\,400$ t）减少至 $1\,500×10^4$ lb（$6\,800$ t）。为实现上述目标，流域沿岸各州已经制定完成并通过了流域实施计划（Watershed Implementation Plan，WIP）。这一套由 TMDL 和 WIP 组成的流域污染治理规划有时被统称为"切萨皮克湾蓝图"（Chesapeake Bay Blueprint）。《切萨皮克湾协议》于 2014 年又一次进行了修订，其中最新的法律条款首次要求所有流域沿岸州设法达到包括 10 项具体目标和 31 项具体成果在内的环境治理要求，内容涵盖了水质、生境、生物资源等一系列重要领域（CBP，2019）。民间私人商业集团曾对该协议进行上诉，要求将切萨皮克湾蓝图的实施年份从 2011 年推迟到 2016 年，但美国最高法院最终拒绝推翻地方法院的判决，因此目前该协议依然有效。

无节制的资源开发和利用所造成的众多环境影响至今仍未消除，但通过在污染减排、生境保护和环境恢复等方面的努力，湾区无论在水质或栖息地环境方面还是牡蛎、蓝蟹和其他野生动植物的种群恢复方面都得到了明显改善，其中 CBP 功不可没。CBP 除了负责切萨皮克湾流域的监测和评估系统的运行，其最重要的贡献还在于根据重点目标成功地对众多管理部门和机构所开展的规划行动进行协调，其中包括根据重点领域进行相关的数据采集、研究分析和反馈等。这些工作可以最大限度地减少利益相关方之间和行政区域之间的资源和管理冲突，并提供可以平衡各方利益的决策支持。

值得注意的是，这一大规模治理行动仍无法成功解决切萨皮克湾的所有环境问题。例如，计划实施的过程中，针对当地一些高度洄游的海洋物种和溯河产卵物种的保护力度仍需加强。因此要想取得全面的成功，就必须通过更全面、规模更大的综合渔业管理规划和生境保护规划来协调相关的治理行动。值得庆幸的是，目前 ASMFC、大西洋中部渔业管理委员会（Mid-Atlantic Fisheries Management Council）和美国国家海洋与大气管理局（NOAA）等大型区域和联邦管理部门已经分别扩大了对近岸渔业和重要鱼类生境等方面的综合管理范围。这两套管理体系的共同特点是对湾区几乎所有未能充分跟踪的关键物种开展基于生态系统的管理。

与此同时，CBP 可能已经准备好与其他区域管理机构共同应对气候变化及其对湾区生态系统和环境功能造成的负面影响。许多物种目前已经出现向北迁移的趋势，而其中某些物种的迁移速度相对较快。以重要溯河产卵物种之一的灰西鲱（Alewife）为例，这一物种很可能在近期已经无法回到位于南部地区阿尔伯马尔湾的主要天然产卵场产卵了，而这一现象会对整个海岸的物种产卵潜力造成难以预料的影响。另外，更多暖温带物种正在迁入附近海域。在不可逆转的大规模渔获物种组合改变的趋势下，现行渔业捕捞配额的分配方案将难以为继，甚至会对目前的渔业管理体系造成冲击。除了物种迁徙以外，降水模式的改变将影响营养物质的排放模式及其造成污染的趋势，并可能在海湾内部引发生态级联效应。而海水盐度和碱度的变化很可能会加剧上述负面影响。许多科学家都对湾区海洋浮游动植物种群的长期变化表示担忧，因为研究表明水中营养盐变化已经导致体型相对较大、丰度较高的浮游植物正逐渐被微型和超微型浮游生物取代。

CBP 的案例展示了一种值得中国借鉴的管理海洋自然资源综合利用的方法，这种方法对于受到较大沿海城市人口密度和大量经济活动严重影响的海洋自然生态系统来说尤为适用。目前中国已经全面开展环境监测、污染排放控制、生境恢复和重建等与海洋环境综合管理有关的重要举措。而在气候变化等全球性问题的影响下，我们很可能需要在这些政策的基础上采取更加全面有效的行动。比如，环境保护方面的管理和执法机构很可能需要加强相互之间的合作，更全面地考虑不同资源利用的成本效益及其对可持续发展的影响，权衡环境保护和经济社会发展的需要，从而共同制定更加完善的综合管理规划和行动方案。这种一体化和协作的管理模式甚至可以扩展到区域协同和联动机制的建设之中，包括省与省之间的信息共享、环境整治目标的联合制定以及区域性环境治理等。中国仍将需要根据本国国情酌情考虑采纳何种管理体制机制，但切萨皮克湾的案例体现出了一个新的高层级第三方综合管理机构在协调和统筹各级政府和机构代表，建立规模更大更全面的综合管理平台方面所发挥的重要作用。

6.2.3 澳大利亚：大堡礁的空间管理

大堡礁虽然以拥有世界上最大的珊瑚礁生态系统而闻名，但它同时也分布着海草、红树林、沙滩等，成为藻类、海绵动物等物种的重要栖息地。20世纪六七十年代，有珊瑚杀手之称的棘冠海星大规模暴发，给大堡礁的珊瑚生态系统带来了毁灭性的破坏。1981年的调查估计，灾害导致了将近90%左右的珊瑚死亡（Endean，1982）。在海星灾害暴发和石油开采的双重环境影响下，澳大利亚的立法部门开始采取行动保护大堡礁这一自然奇观和文化标志。1975年，联邦通过立法设立大堡礁海洋公园来管理大堡礁海域的渔业、休闲娱乐、航运等社会经济活动；它们分别由一些小区域组成，这些小区域再各自分成不同的（功能）区（Gershman et al.，2012；见图6.5）。然而，20世纪90年代的研究数据表明，这种零散的分区管理方法效果差强人意。在管理初期，海洋公园采用的是部分分区法，即将一个单位区域划分为一个重点保护分区和其他分区，造成同一片珊瑚礁的部分区域可面向公众开放所有形式的活动，而另一部分区域则仅限开展非采掘性的活动。这种管理方法一方面造成公众对保护区划分的不解，难以完全遵守相关规定；另一方面也给大堡礁内2 400多个独立珊瑚礁群的监管工作带来了障碍，在执法过程中难以对相距很近的分区进行准确的判断。在上述问题的影响下，1975年的法案并没有成功降低商业渔业对海洋公园内珊瑚礁群的影响。据统计，在2000年实施新的《拖网捕捞管理计划》（Trawl Management Plan）以前，95%的可捕区域仍在进行商业拖网作业，而这种缺乏管理的渔业活动每年导致75%的海床受到人为影响，也对底栖生物造成较大的负面影响（Craik，1992）。事实证明，1975年的法案对保护大堡礁生态的决心毋庸置疑，但在具体方案的操作方面并未对商业渔业进行有效监管，而在管理方案方面存在的决策失误为公众守法和机构执法带来了障碍。

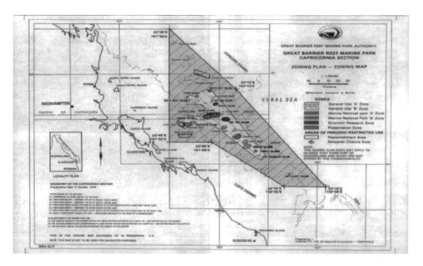

图 6.5　分区示例——1980 年 8 月大堡礁海洋公园南回归线选区的分区规划

（Gershman et al.，2012）

　　在意识到管理措施的不足后，政府重新审查了相关研究成果并开始实施新的管理战略。全新的规划放弃了前期先行划分海域的做法，转而运用全面的基于科学的方法筛选出在栖息地和物种群落方面具有环境代表性的区域。同时，规划过程又是一个漫长的多方参与和协商的过程，从最初的海域分类到最终的议会审核都有相关利益主体和社区的广泛参与（见表 6.2）。管理机构在充分考虑了人为活动的社会经济影响后，开始研究既能实现环境目标又能把环境负面影响最小化的管理方案。虽然规划过程漫长，但为了提高管理方案的长期有效性和可持续性，必须对所有因素进行考察并对所有备选方案进行研究。经过重新分区的海洋公园规划（《大堡礁海洋公园分区规划 2003》）于 2004 年完成，其中设立了 70 个不同类别的生物区，并将禁捕区的比例从 4.5%提高至 33%，为意外灾害可能带来的变化提供了适应性缓冲(Evans et al., 2014；见图 6.6)。在海洋功能区划方面，规划派生了 9 个不同的功能分区，包括允许除采矿和钻探外一切合理用途的一般使用区和严禁进入和使用的保护区等，并对各功能分区的海域使用规范进行了统一规定(Great Barrier Marine Park Zoning Plan 2003, 2003)。

表 6.2　重新分区过程的各阶段(2004 年规划) (GBRMPA. GOV. AU)

代表性区域划分流程	利益相关方参与
分类 代表性区域计划利用生物物理数据和专家意见将大堡礁世界遗产地区的生物多样性绘制成生物区	√
审查 大堡礁海洋公园规划确定了现有分区对生物区所显示的生物多样性的保护程度	√
社区参与的第一阶段 听取公众对现行分区的建议，以便更有效地保护生物多样性，并征求公众对开发新的代表性区域网络的意见	√√
识别 通过广泛的社区咨询，确定具有潜在包容性的网络，并将可以实现区域行动方案目标的潜在网络(即候选地区)纳入新的代表性区域网络	√√
选择 通过广泛的社区咨询进行候选区域的筛选。开展社会、经济、文化和管理评估，选择最合适的候选区域和保护水平	√√
起草分区规划要充分考虑社区咨询的意见	√
社区参与的第二阶段 针对分区规划草稿征求公众意见	√√
根据公众意见进行**分区规划的修改**	
部长和联邦议会批准(正式立法之前的 15 个工作日，新分区规划生效日期由部长确定)	

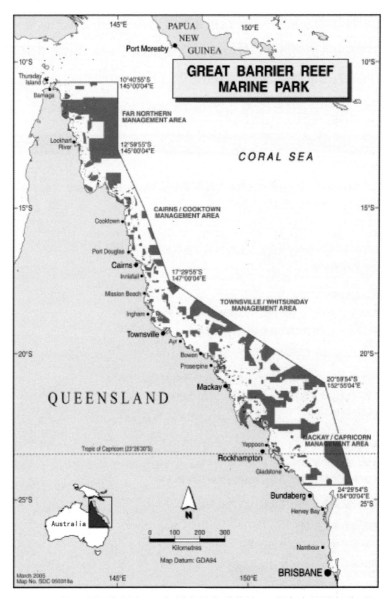

图 6.6　大堡礁海洋公园——新划定的海洋禁捕区(深灰色阴影部分)的
位置和面积(Fernandes et al.，2005)

　　大堡礁珊瑚礁群保育的成功很大程度上归功于其管理政策的持续性和适应性。除了 2003 年规划中的法律规定以外，渔业社区参与、公众宣传教育、产业伙伴关系建立、渔业技能型执照和许可证制度建设等针对渔业的非空间管理也充分配合了大堡礁分区管理制度的实施。尽管大堡礁的珊瑚生态系统在预防海星灾害和珊瑚病害以及提高珊瑚鳟鱼种群丰度方面取得了一定的成果，但气候变化、海洋环境污染和自然灾害等因素仍对珊瑚礁群落构成了严重的威胁。不过，建立管理框架的目的就是为了适应未来不可抗因素对生态系统的影响，因此在这一管理体系的帮助下，管理人员在未来应对这些风险时也会变得更加便利。事实上，大堡礁珊瑚礁群保育在国际上也是一个较为典型的成功案例，它一方面体现出适应性管理的重要性，另一方面证明了在规划过程初期进行充分的数据信息整合以及政策制定过程中各方的充分参与都是环境管理成功的关键。

　　中国可以酌情借鉴大堡礁以生态系统动态为基础的环境空间管理以及适应性管理的理念。中国已经通过海洋保护区的建设在保护生物多样性方面取得了重要进展，而大堡礁的成功案例则证明评估海洋保护区的管理效果十分重要，因为这项工作有助于加强数据资料的采集，预见未来可能出现的环境威胁以及根据实际需要调整现有的空间管理计划。

6.3　提高对渔业长期价值而非产量的重视

　　国际经验已经证明了渔业的可持续管理能够提高食物产量、促进繁荣的社会经济生活并保护海洋生态环境。在这些案例中，渔民大多已从最大限度增加短期渔获量的做法转变为提高捕捞渔业的长远价值。虽然在不同渔业环境中，这种资源利用理念的转变会衍生出不同的管理策略，但赋予渔民、社区和捕捞企业捕捞权（亦即"入渔权"）可有效地激励可持续的捕捞行为，并培养从业人员的海洋资源保护意识。

6.3.1 伯利兹：渔业水域使用权（TURF）管理

由于多年来捕捞活动的不断增加以及龙虾、大凤螺等物种渔获量的不断下降，伯利兹政府于 2009 年对国家的渔业治理体系进行全面改革。在此之前，国内渔民数量逐年增加，而伯利兹水域的渔业捕捞活动则一直处于开放状态，也缺乏对可捕区域、可捕捞物种、允许捕捞量以及其他内容的相关规定。此外，以危地马拉为首的外国船只的非法跨界捕捞现象显著增多（Foley，2012）。对水域的放松管制以及龙虾、大凤螺等主要用于出口（Fujita et al.，2017；Drumm et al.，2011）的水产品高收益是伯利兹海洋生物资源过度利用和枯竭的主要原因，从 2004—2008 年间持有捕捞证的渔民数量增加 30% 以及 1999—2009 年间龙虾上岸量减少 24% 便可以看出这一点（Foley，2012）。

龙虾和大凤螺不仅是伯利兹国民重要的蛋白质来源，而且还是该国两种最有经济价值的出口水产品，对维持国内渔民的生计来说至关重要（Foley，2012；McDonald et al.，2014）。考虑到这一重要的利害关系，政府制定并实施了被当地人称之为"准入管理"（managed access）的渔业水域使用权（Territorial Use Rights for Fishing，TURF）制度。TURF 是一种基于捕捞区域的捕捞权管理方式，需要先确定捕捞区域，再将特定捕捞区域的捕捞权分配给团体或个体渔民。2011 年7 月，伯利兹渔业部选择了格洛弗礁岛（Glover's Reef）和洪都拉斯港（Port Honduras）这两个位于南部堡礁的位置毗邻但生态条件不同的渔业社区开展 TURF 试点。试点项目启动后共召开了包括渔业捕捞权宣讲会以及海域使用权管理制度研讨会在内的 80 多次会议，主要目的是通过社区参与对管理方案进行设计和调整（Castañeda et al.，2011）。此外，一对一采访、小组会议以及渔民之间的研讨工作坊让利益相关方一致同意，在猖獗的非法捕捞活动以及有限的渔业资源管理的情况下，水域使用权管理有助于解决日益激烈的捕捞竞争和渔获量下降等问题（Casteñeda et al.，2011）。

在试点水域，政府根据具体划分的区域实行捕捞管制或全面的禁渔。在受管制区域内则只允许历史上在该水域捕捞的本地渔民进行捕捞。参与试点的渔民在遵守禁捕区和其他捕捞法规要求的前提下享有该区域的捕捞权，但需要定时上报渔获数据。与此同时，试点项目还设立了由渔业合作社代表和渔民组成的使用权管理委员会，专门负责传达伯利兹渔业部有关渔业许可证的决策过程以及向管理部门和渔业社区报告试点项目的进展情况（Fujita et al.，2017）。

试点项目最终达到了减少日常水域竞争性捕捞以及增加可持续渔业管理长期投资的目的（Casteñeda et al.，2011）；因非法捕捞被逮捕的人数同比下降了 60%。试点捕捞水域的数据信息是通过独立监测、渔民上报（如渔捞日志）和监控系统进行收集的（Casteñeda et al.，2011）。2013 年，试点项目相关的渔业数据有明显的改善，80% 的渔民进行了渔获量上报，上报数据中超过 70% 呈现捕获量上升趋势。相关的渔业违法行为也持续下降，其中包括禁捕区的偷捕活动以及龙虾、大凤螺禁渔期的捕捞活动等（Fujita et al.，2017）。

在推动渔业社区从开放性入渔向捕捞准入管制体系转变方面，试点项目取得了阶段性的成果（Fujita et al.，2017）。2016 年 6 月，伯利兹政府开始在全国范围内实施渔业水域使用权管理制度，覆盖全国所有水域（图 6.7）。

据 Fujita 等（2017）报道，目前伯利兹的所有领海都已实行 TURF

图 6.7 伯利兹的 TURF 制度（Fujita et al.，2017）

制度，渔民可以自行选择一到两处使用权管理区域进行渔业活动。
在社区咨询和社交媒体的大力宣传下，全国范围内的渔业准入制度
推行得较为顺利（Wadea et al.，2019）。其他七个使用权管理区域也

效仿两个试点项目的做法，设立了使用权管理委员会。委员会成员由渔民选举产生，委员会的工作由国家政府进行监督。目前，所有龙虾和大凤螺的捕捞活动都通过 TURF 网络由国家政府和各区域使用权管理委员会共同管理。此外，伯利兹还完善并实行了新的数据报告制度(Wadea et al., 2019)。

尽管可比数据较为有限，但自 2016 年以来，TURF 制度的几项进展成效较为显著。根据健康珊瑚礁倡议组织(Health Reefs Initia-tive)的研究结果，自 2015 年以来伯利兹南部堡礁的生态健康状况有所改善，总体达到了"良好"的健康评级，是 2018 年三处获得这一评级的中美洲珊瑚礁群之一(McField et al., 2018)。另外，伯利兹渔业部还对龙虾和大凤螺资源制订了国家渔业管理计划，并于 2017 年 11 月捕捞季采用大凤螺总允许捕捞量制度(2017—2018 年的大凤螺捕捞配额已于 2017 年制定完成)。2019 年 4 月，伯利兹海域的禁捕(或恢复)区面积有所增加，占比从 4.5% 提高至 11.6%，有效地改善了使用权管理区内物种种群的健康状况。

2020 年，伯利兹政府审议通过了《渔业资源法案》(Fisheries Resources Bill)。该法案取代了 1948 年出台的《渔业法》，提高了目前渔业法律的执行力度(Griffin, 2019；McKenzie, 2019)。通过应用基于有限数据的管理工具，渔业管理的重点也从最初的龙虾和大凤螺逐渐扩展到物种较为丰富的有鳍鱼类。预计未来伯利兹政府还将制订多个有关鱼类物种资源的渔业管理计划(Martinez et al., 2018)。政府还在海洋保护区网络建设方面对渔民进行了资金补助和政策支持，从而提高区域内的海洋资源质量。委员会还通过与非政府组织的合作，在伯利兹的餐馆和酒店推行当地海鲜认证项目(Fujita et al., 2019)。这一做法为可持续水产品带来了较为优厚的利润，也是对长期坚持可持续捕捞的渔民的一种回馈。

中国可因地制宜地考虑借鉴 TURF 这种以渔区为单位的管理方法。TURF 尤其适用于移动范围不大的或固着生活的物种，如蟹或其他底栖物种。TURF 的管理方法也比较适合与禁渔区等管理理念以及生态旅游、生计渔业、保护区制度等以海洋功能为核心的管理模式进行有机结合。此外，由于 TURF 会将捕捞权以特定区域为单位分配给团体或个人，渔业从业人员因此会更加积极地守法并保护自己所有区域的海洋资源。因为管理好分配的捕捞区域之后，渔民就能从中获利。这种管理理念与倾向于自由竞争性捕捞而短期内导致过度捕捞的开放入渔制度形成鲜明对比。由此可见，包括渔业社区参与的完善的 TURF 制度有助于实现生物/生态、经济和社会的可持续发展目标，从而造福环境和人类。

6.3.2 墨西哥湾红鲷渔业的个体可转让配额(ITQ)管理

墨西哥湾的渔业资源丰富，海洋水产品产量超过了美国国内总产量的40%。在出产的众多渔获物中，红鲷(Red snapper)是除了虾类、蟹类、石斑鱼类和剑鱼类以外较为重要的兼具商业渔业和休闲渔业价值的经济渔获物种。随着双支架拖网等先进渔具的使用以及玻璃钢船艇和机动渔船的大规模生产，商业渔业和休闲渔业的渔获量开始大幅增加。由此造成的过度捕捞导致红鲷种群数量从 20 世纪50 年代开始急剧下降(图 6.8)。与此同时，作为红鲷的主要兼捕物种的虾产业蓬勃发展。因此到了 1990 年，红鲷的产卵潜力已下降到了 2%，远低于 26%的目标产卵潜力(NOAA，2018)。

在认识到情况的严重性后，渔业管理部门进行了一系列的管理制度改革，包括限定渔获物可捕规格、季节性禁渔和总可捕量(TAC)制度。然而，这些制度往往没有考虑到对渔民的激励措施或渔民作业过程中的实际需求。例如 1991 年，当红鲷的 TAC 限额从

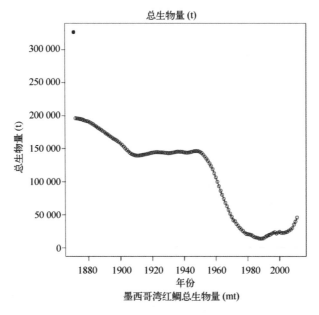

图 6.8　通过对物种产卵潜力的建模估算得到的墨西哥湾

红鲷总生物量的变化趋势

（SEDAR，2013）

500×10⁴ lb 降低到 400×10⁴ lb 时，就引发了商业渔民之间的竞争性捕捞，又称德比式捕捞（derby fishing）。由于产量达到 TAC 后相关渔业活动就会被禁止，这种激烈的捕捞竞争直接导致捕捞期的急剧缩短。1991 年的捕捞期在年中就很快结束了，而 1992 年的捕捞期则只持续了53 天（NOAA Fisheries，2017）。这种现象引发了诸多社会经济问题，一方面严重限制了弱势渔民的捕捞机会，给渔民的生计造成巨大压力，另一方面造成了阶段性的市场饱和以及产品价格的暴跌，同时降低了市场经济的自我调节能力。事实证明，捕捞期初期渔获物供应量突然暴增，渔民很难找到买家，最终导致了红鲷价格的大幅下跌（Waters，2001）。同时，捕捞期缩短和捕捞限额降低所导致的竞争式捕捞增加了渔民在危险的环境中作业的风险。

面对上述的管理问题，墨西哥湾红鲷渔业急需一种将渔民的资源保护行为与激励措施相结合的全新的管理方法。2007 年 1 月 1 日，政府开始实施个体可转让配额（ITQ）制度，以解决产能过剩和竞争性捕捞等问题。该制度根据上岸渔获物的历史数据将 ITQ 分配给有资格的参与者，同时采用渔船监测系统进行实时数据管理，确保渔民对自己的配额负责。具体的捕捞限额分配方法是：首先由墨西哥湾渔业管理委员会根据定期的渔业资源科学评估结果，在听取渔业科学和统计专家委员会的建议后，确定年度 TAC；之后再根据渔业从业人员的总人数分配给个人。在该计划实行的初期，TAC 显著低于 2006 年水平（Agar et al.，2014），由此导致的个人捕捞配额的相应降低也给部分渔民带来了压力。但 2009 年的渔业资源评估结果表明，鱼类种群有了显著的恢复，管理机构随即上调了 TAC。近年来该鱼类资源持续恢复，TAC 已经超过了 ITQ 制度实施前的捕捞水平。事实证明，ITQ 制度减少了渔民所需的出海作业次数和渔获物丢弃率，实现了渔业资源的整体恢复。红鲷的 TAC 提高了近一倍，渔民的收入也增加了 100%。与此同时，渔民较为灵活的作业时间安排也是收入增加的主要原因；渔民可自行根据市场的需求和价格调整捕捞计划，如在天主教大斋期期间，许多美国人放弃食用红肉而增加水产品需求的时候，渔民就会在这段时间捕捞品质相对较高的鱼类。

ITQ 制度虽然有效地促进了商业渔业向可持续发展转变，但在与其他渔业行业之间的综合管理方面仍存在一些挑战。自 2007 年 ITQ 制度实施以来，尽管商业渔业历年的捕捞水平均未超出配额，但休闲渔业的捕捞期却呈现持续缩短的趋势，已从 2012 年的 40 天缩减到 2015 年的短短 10 天（Powers，Anson，2016；见图 6.9）。2015 年，休闲渔业被分成了私人垂钓业和旅游租赁业，虽然明确规定了各行业的年均捕捞量限额（annual catch limit，ACL），但却采用

竞争性捕捞的方式进行渔业资源管理(NOAA，2017)。尽管在努力
进行休闲渔业管理改革，但休闲渔业渔民在理解其对红鲷种群长期
稳定的影响方面一直存在困难(Powers，Anson，2016)。休闲渔业渔
民在应对日益缩短的捕捞期和降低的日捕获限额的同时，通常会进
行超配额的捕捞，这种做法加剧了休闲渔业和商业渔业之间的冲突。
2014年，商业渔业代表起诉了国家海洋渔业局(NFMS)，认为该管
理机构并未将休闲渔业的超额捕捞量计入到2013年的休闲渔业配额
中。随后，NMFS将2014年休闲渔业的捕捞期从40天缩短到9天
(Morrison，2016)。

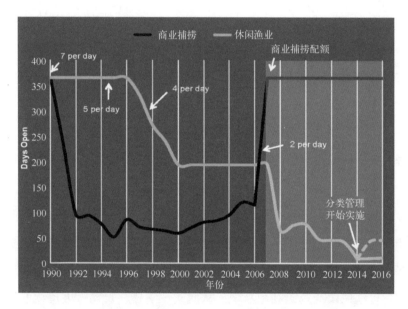

图6.9　墨西哥湾红鲷休闲渔业和商业渔业的捕捞期管理历史

(Abbott et al.，2018)

　　为了落实管理责任和提高消费者意识，可追溯性是可持续捕捞
的另一个重要因素；随着时间的推移，捕捞追溯能力正在不断提高。
由墨西哥湾红鲷捕捞渔民组织成立的自治机构Gulf Wild，通过捕捞
产品包装上的QR码(Quick Response code)来确保鱼产地的真实性

和负责任的捕捞。扫描此二维码时，可提供每条鱼的详细信息（例如，捕捞者、捕捞地点等）（Gulf Wild，2019）。消费者进而可以利用此信息有意识地做出选择，支持红鲷的可持续捕捞。这一可追溯性和认证计划使渔民能够获得更好的鱼价，因而是成功实现物种价值而非数量最大化的一个成功实例。

在面对诸多渔业资源管理挑战时，有必要在充分考虑渔业管理现状的情况下研究制度改革所能带来的好处。在红鲷资源方面，红鲷数量自 2007 年实施商业渔业 ITQ 制度以来已增长了超过两倍（NOAA Fisheries，2013），且自 2008 年以来联邦管理机构已将商业捕捞限额提高了 300%（NOAA Fisheries，2017）。尽管休闲渔业存在系统性的过度捕捞问题，但渔业生物的种群数量仍在持续恢复（NOAA Fisheries，2013，2017）。而在同一时期，红鲷渔业上岸总价值从 1 000 万美元左右增加到 2 800 万美元。

上述案例通过 TAC 州级试点项目对沿海水域实施可持续渔业管理，与中国的情况较为接近。正如美国红鲷案例所示，为了实现渔业的生态、经济和社会目标，中国需要创新性地思考如何设计和实施限额捕捞试点项目。鉴于 TAC 制度的成功，下一步值得思考的问题可能是：在何种情况下进一步分配团体或个人配额，以便产生更多的附加效益。墨西哥湾案例已经充分证明了个人捕捞配额分配可以促进渔民改变资源利用意识，从而实现整体、长期、可持续的渔业资源保护。具体来说，渔民在获得配额后，其经济收益便与资源的长期健康状态相关，也让他们明白短期的可持续行为会带来长期利益。这些改变可以提高渔民的守法意识。但如果捕捞配额没有分配到个人，资源的利益相关性不够明显，最终就会导致如美国早期对红鲷实行 TAC 管理时所出现的恶性竞争的情况。此外，红鲷案例还强调市场经济条件在管理政策制定和实施过程中的重要性。具体来说，所制定的政策需要引导渔民根据市场条件对捕捞作业计划和捕捞量进行调整，避免竞争性捕捞情况的发生。虽然个人配额制度的实施和管理难度更大，但这种制度能让渔民在进行渔业活动的过程中更多地采用商业思维的模式，通过对渔获物质量的重视来获得更高的销售价格，从等量的可用资源中取得更多价值，而不是以量取胜。这种做法既能改善渔民的生计，又能支持海洋生物资源的长期可持续发展。

6.4　积极适应和推广主动式管理的新模式

本章前几节的案例可为中国在海洋生物资源管理领域进行海洋生态文明建设提供经验借鉴。然而，跨国的综合协调和合作在管理与周边国家共享的迁徙物种方面，尤其是在气候变化影响下海洋物种分布趋势已经开始改变时，显得尤为重要。另外，中国在水产养殖、综合空间规划、海洋渔业管理等领域的持续进步和创新值得世界的肯定，这也为面临类似挑战的其他国家提供了中国模式的经验借鉴。中国其他的国际性政策进一步为相关渔业管理合作带来了发展机遇，如通过中国的"一带一路"倡议加强区域经济和环境的可持续发展，进一步向世界推广生态文明的精神和福利。

6.4.1　应对气候变化的管理方案

如第4章所述，气候变化已经开始对所有海洋生态系统和各国的海洋生物资源管理产生影响，未来这种影响还会持续增强。气候变化造成的影响包括物种种群分布的变化、渔业生产力的变化、食品安全的风险以及渔业从业人员的安全问题。然而，在不同的环境条件下，世界各国受到气候变化影响的领域以及影响的严重程度都不尽相同，因此不存在全球通用的解决方案。由于物种迁徙的缘故，一些生物种群会在某些区域增加而在另一些区域消失。海水温度的改变以及极端天气的增加也会影响世界各地海水养殖产业的分布和发展（De Silva，Soto，2009）。

一些国家已经不得不面对这样的调整。一个典型事例就是以欧盟和挪威作为冲突一方，以冰岛和法罗群岛作为另一方的"鲭争夺战"（the Mackerel War）。

鲭是分布于东北大西洋的渔业种群，是英国、爱尔兰和挪威的主要捕捞品种。虽然冰岛和法罗群岛通常以其他物种（例如蓝鳕）为主要捕捞品种，但随着蓝鳕被过度捕捞，冰岛和法罗群岛也开始将鲭作为主要捕捞对象。同时，由于气候变化导致海水温度上升，鲭开始向北迁移，使其在冰岛和法罗群岛的专属经济区的资源量变得更加丰富（图 6.10）。随着冰岛和法罗群岛在本国海域发现了大量鲭，两国开始大幅度增加捕捞配额：从 2010 年开始，冰岛将本国的捕捞配额从约 2 000 t 增加到 13×10^4 t，法罗群岛从 25 000 t 增加到 15×10^4 t。

这两个国家都证明自己有充足的理由，随着气候变化而大幅增加年度捕捞配额。他们声称，由于气候变化，鲭向北迁移的趋势增强，使两国水域中的鲭数量更多，所以两国增加的捕捞量并没有超出其专属经济区的范畴。但是，冰岛和法罗群岛未经协商就单方面提高了年度配额，这违反了欧盟范围内的《共同渔业政策》协议。

英国、挪威和爱尔兰认为有必要立即对冰岛和法罗群岛的行为进行抵制。2010 年 8 月，挪威针对冰岛和法罗群岛的拖网渔船关闭了所有港口。一艘名为"木星"的法罗群岛的拖网渔船无法在挪威港口卸载鲭，被迫返回法罗群岛。2011 年，冰岛将本国的配额从 130 000 t 进一步增加到 146 818 t，再次激起了各国的抗议（Henley，

图 6.10　英国、挪威、冰岛和法罗群岛的地理位置

(British Sea Fishing, 2019)

2019)。欧盟谴责冰岛和法罗群岛加剧了本已紧张的局势，并警告说，鲭争夺战将对冰岛争取成为欧盟正式成员的申请产生不利影响。冰岛和法罗群岛继续以其水域中鲭种群数量巨大、他们自己有权设定本国的捕捞配额为理由，来为其配额调整做辩护，并认为欧洲需要更加平等地分享配额。冰岛还开始驱赶在本国水域捕捞其他物种的苏格兰拖网渔船，鲭争夺战于是波及到了不以鲭为渔获物的其他渔民。

英国、挪威和爱尔兰反对的理由之一，是冰岛和法罗群岛配额的增加可能会使鲭捕捞业失去海洋管理委员会（Marine Stewardship Council，MSC）的全面可持续认证。一旦失去 MSC 认证，消费者对鲭的需求将减少，欧洲将失去其为数不多的可持续渔业之一。2012年 3 月，这一担忧变为现实：MSC 正式宣布北海和北大西洋的所有鲭渔业不再符合 MSC 的可持续性要求（Jensen et al.，2015）。MSC 预计，鲭捕捞量不久后将超过 $90×10^4$ t，超过 MSC 建议的科学捕捞水平至少 $26×10^4$ t。失去可持续认证影响了爱尔兰、挪威、丹麦、瑞典、英国和荷兰的鲭捕捞业。

于是，冰岛在 2013 年将本国鲭配额削减了 15%，并暗示如果其他国家也这样做，冰岛可能会进一步削减配额。但是，欧盟国家和挪威并不为所动，继续辩称冰岛和法罗群岛的配额不可持续。即使减少了 15%，冰岛仍占鲭总捕捞量的近 1/4。到 2014 年，欧盟和挪威准备对冰岛和法罗群岛的鱼产品实施制裁。

不过，2014 年 3 月签订的一项三边协议使问题得到部分解决。该协议按照 72%、16% 和 12% 的比例将鲭配额分配给欧盟国家与挪威、冰岛和俄罗斯以及法罗群岛。如果不是因为国际海洋考察理事会（ICES）通过重新评估发现鲭的产卵群体在增加，就不可能达成这一协议。产卵群体增加意味着有更多的鲭可供捕捞，因此根据新的三边协议，实际上有几个国家获得了更多的鲭配额。随后，经过 MSC 持续两年的评估，并且在鲭产业北方可持续发展联盟（Mackerel Industry Northern Sustainability Alliance，MINSA）的协力支持下，MSC 在 2016 年 5 月恢复了东北大西洋鲭渔业的可持续物种的地位（Marine Stewardship Council，2016）。MINSA 是由来自 11 个国家的 700 多艘渔船组成的合作组织，通过国际承诺和合作缓解了鲭争夺战。

鲭争夺战仍有不少遗留问题尚待解决。因为发现鲭的生物量高于最初的预测，才使争端得以部分解决。由于各国仍在继续竞争以维持目前的配额，一旦将来鲭种群数量减少，则有可能再次引发争端。此外，由欧盟、挪威、丹麦、法罗群岛、格陵兰、冰岛和俄罗斯组成的东北大西洋渔业委员会（NEAFC）应该负责管理鲭种群。但是，冰岛、俄罗斯和格陵兰岛并不参与协商，共同决定配额，而是可以不受限制地设定本国的配额；2019年，这三个国家就曾单方面增加鲭配额（Henley，2019）。欧盟、挪威和法罗群岛对此表示谴责，MSC再次中止了鲭的可持续认证。ICES建议将目前的捕捞量减少68%，以便在2021年之前将种群恢复到可持续水平。但这些国家如何协同管理鲭种群还有待观察，尤其是随着气候条件的变化，鲭的数量也将持续变化。

尽管气候变化的影响多种多样且存在极大的不确定性，管理人员仍可以对未来的不同情景进行模拟，并针对这些情况进行研究和规划。例如，ICES正在与包括美国环保协会（EDF）在内的非政府组织进行合作，共同总结相关管理问题并针对不断变化的环境因素提出创新性的解决方案。事实上，建立强有力的区域合作伙伴关系并制定基于生态系统的大型管理体系至关重要（Moustahfid，2017）。各类相关机构都要开始将不确定性因素纳入管理范畴，在制定政策初期即考虑气候变化对管理目标的影响。

中国可深入研究气候变化对本国、本地区和全球捕捞渔业、海水养殖以及海洋渔业生态系统功能的影响，并从水温升高、海洋酸化、天气的趋势变化、营养物质循环和水文循环等方面评估气候变化对亚太地区乃至全球渔业和粮食生产的影响。以此为基础，中国方能研究并制定减缓并有效适应气候变化影响的管理措施。

6.4.2　在国际上加速推广解决方案

鲭争夺战的例子凸显了气候变化研究的重要性，不仅需要研究气候变化如何影响本国水域的捕捞渔业，而且需要研究种群迁移如何诱发资源竞争与冲突。为此，我们需要掌握能够预测未来发展趋势的科学知识和信息，并且在国内和国际建立不同层级的社会和治理架构，以帮助缓解和解决此类挑战。但是，上述组织架构并不一定要完全针对解决冲突的需要。在短期内，世界各国反而有很多机会基于善意和互利原则，在共同关心的问题上建立伙伴关系和紧密联系。

例如，许多发展中国家都缺乏渔业监测数据。这些国家的渔业往往存在规模较小、种类较多、分布分散等特点，因此集中采集渔业数据十分困难（Purcell，Pomeroy，2015）。而最根本的问题是，许多发展中国家在技术、资金和治理方面的能力严重不足。随着发达国家在海洋生物资源管理领域的日益完善，发展中国家应该在重蹈其覆辙之前及时止损，在充分吸取经验教训的同时借鉴有效的管理经验。事实上，提高发展中国家渔业的科技研发、资金支持和治理能力，能够为以鱼类为重要蛋白质来源的人们提供更好的粮食安全保障（Hall et al.，2013）。而全球性的海洋生物资源信息的完善和治理能力的提高，可以为各国提供更加稳定的渔业市场经济环境，同时保护更加健康的海洋生态环境。

海洋与渔业伙伴关系（Oceans and Fisheries Partnership）是美国国际开发署（USAID）和东南亚渔业发展中心（Southeast Asian Fisheries Development Center，SEAFDEC）共同推出的一个项目，旨在利用日渐完善的区域合作伙伴关系，防止、阻止和消除非法、不报告和不受管制（Illegal，Unreported and Unregulated，IUU）的捕捞活动，同时改善亚太地区的渔业和生物多样性。该项目采用了一系列基于生态系统的渔业管理工具。例如，建立了渔获物记录和追溯系统，以提高渔业信息的透明度，加强对 IUU 捕捞活动的执法和打击力度，并完善现有的渔业数据。该项目还通过对完整渔业产品供应链的审查，促进了私营企业对可持续渔业的投资，建立了全新的市场激励机制，保障所有参与项目的地区获得可持续的资金补助（USAID，2018）。这种大型合作项目通过加强信息交流、完善渔业信息和提高科研能力惠及各方，在国际渔业综合管理领域起到了极为关键的作用。

中国在继续提高国内海洋生物资源管理方面的专业技术和能力的同时，也可以通过与其他国家分享管理方法和技术来展示中国在区域乃至全球的领导地位。鉴于中国水产养殖产业悠久的历史、庞大的规模、先进的生产技术水平以及不断完善的用于产量、生产和环境条件的监测系统，这些领域的国际合作尤其重要。此外，随着中国继续在综合空间管理、国内渔业管理等关键领域取得重要进展，许多国家可能会视中国为解决本国类似问题的成功范例。"一带一路"倡议等机制和"一带一路"绿色发展国际联盟等合作机构可以作为促进中国与区域内各国之间技术交流的平台，中国可通过这些国际平台分享其最佳的管理实践，从而在更广大的区域范围内实现海洋生态文明的整体利益。

7 中国海洋生物资源管理发展趋势与建议

近年来，在国家大力推进海洋生态文明建设，多措并举、综合施治下，中国海洋生态环境状况已经逐步向好发展（生态环境部，2019）。不过，仍有1/4以上的近岸水域严重污染，3/4的海洋生态系统处于亚健康或不健康状态，大面积的海洋生物栖息地受到破坏，过度捕捞和超容量养殖的问题并没有得到根本性解决，中国沿海和海洋生态系统面临的各种危机依然存在。此外，气候变化、海洋酸化等自然生态系统演变的压力与上述危机相协同、相叠加，不仅将严峻考验中国海洋生态系统的抗干扰能力，还将影响水产养殖业，并导致野生渔业种群跨境迁徙，从而加大海洋生物资源管理的难度。

中国已经形成了以《中华人民共和国渔业法》《中华人民共和国海域使用法》和《中华人民共和国海洋环境保护法》为主体的海洋渔业和水产养殖管理法规框架，各种法律法规都遵循持续发展、生态和谐的原则制定，其内容也都围绕生态环境保护与产业协调发展的主题。尤其是近年来，中国连续出台了一系列推动渔业绿色发展的有关管理规定，例如，《全国渔业发展第十三个五年规划（2016—2020）》《关于加快推进水产养殖业绿色发展的若干意见》（2019年）

本章主要作者：MIMIKAKIS John，张慧勇，刘慧，KRITZER Jacob，VIRDIN John，苏纪兰，曹玲，孙芳，陈新颖，郝小然，高凌云。

等，并一再强调：渔业发展要以"提质增效、减量增收、绿色发展、富裕渔民"为目标，以健康养殖、适度捕捞、保护资源、做强产业为方向，大力"推进渔业供给侧结构性改革，加快转变渔业发展方式"，提升渔业生产"标准化、绿色化、产业化、组织化"和可持续发展水平，提高渔业发展的质量效益和竞争力，走出一条"产出高效、产品安全、资源节约、环境友好"的中国特色渔业现代化发展道路。

综合来看，中国渔业发展在"十三五"期间取得了明显的进步，产业转型升级、资源养护、装备与技术提升等工作都取得了明显的成绩。不过，中国渔业正处在由传统向现代转变时期，渔业大而不强，还存在渔业法律政策保障体系尚不健全，渔业水域生态环境脆弱、保护难度大，渔业基础设施薄弱，装备落后，渔业产业效益亟须提升，渔政执法满足不了监管需求等突出问题(农业农村部渔业局，2020)。随着"十三五"规划即将收官，有必要针对"十三五"规划任务的落实和工作目标的完成情况进行全面系统的总结，尤其要及时总结经验和教训，找出工作当中的不足，为"十四五"规划的制定乃至今后一段时期我国渔业的进一步发展提供参考。

机遇与挑战并存。中国拥有执行力十分强大的政府；只要真正下决心、花大力气去做，没有解决不了的问题。面对海洋生物资源领域全球性的或者中国独有的挑战，中国将迎难而上，通过更加严谨和强有力的管理措施，运用更加先进的技术手段，不断提升海洋生物资源保护与可持续开发能力；不仅要加快解决中国自身的问题，而且要通过一系列综合措施在区域和全球海洋治理中发挥示范带头作用。

展望未来，中国有望在加强海洋生态系统保护、提高海洋治理监控能力、发展健康可持续的海水养殖业、规范海洋捕捞渔业生产和生物多样性保护等方面取得显著进展。根据生态环境部最新消息，未来5年乃至15年，我国海洋环境质量评价标准将更多体现海洋的生态要素，并特别关注红树林、珊瑚礁、芦苇湿地等典型生境以及本地特有的海洋鱼类、海鸟等物种。因此，在"十四五"期间及不远的未来，我们有望看到中国近海的优良水质比例、自然岸线保有率、滨海湿地修复恢复面积等指标都得到提升，中国将会有更多的"有鸟有鱼、宜业宜居"的"美丽海湾"和海岸线。为了实现这些美好愿景，中国还需要在以下方面做出更多的努力。

7.1 加强滨海和海洋生态系统的法律保护，促进可持续生产

通过提质增效、退养还滩、生态红线、水产养殖分区和养殖尾水治理等举措，中国逐步加强了对规模庞大的水产养殖业实施可持续管理，以实现生态和谐前提下的优质水产品稳定供应。综合来看，渔业相关法规与产业实际情况还存在一定程度的脱节；个别法规可操作性不强，影响了实施效率。为了进一步强化海洋生物资源管理，有必要因势利导，创建更强大的法律工具。中国已经开始将其庞大的水产养殖业转变为可持续管理的安全、优质食品生产的引擎，但要取得进一步发展，就需要创造更强有力的法律手段。

为此，建议制定水产养殖管理专项法规，强化可执行层面的制度设计，管控养殖密度、废物和尾水排放以及空间、能源、水、饲料资源利用等多方面问题；要以养殖环境条件适宜性评估和环境承载力为基础，对水产养殖规模设定科学的空间限制，并将其纳入全国海洋功能区划，从而避免或减少养殖业对海岸和海洋生态系统的负面影响；建立水产养殖库存量报告制度以及相应的操作与监督程序，从而实现基于空间和生物量的水产养殖许可证管理。此项法律

还可针对减缓水产养殖业对沿海和海洋生态系统影响做出其他相关规定，如限制抗生素或其他化学品的使用等。

近年来，中国已经开始尝试进行捕捞渔业总量控制（亦即总可捕量管理）。国际经验表明，当产出控制与渔业权管理制度相结合时，渔业管理才更为有效。渔业权管理是指将渔业捕捞配额或捕捞水域使用权合理分配给渔业社区和行业中的相关利益主体。通过渔业权管理，政府可以公平地将捕捞许可分配给大中小型各类企业、商业化捕捞船队和休闲渔业以及小型渔业社区，从而便于化解矛盾、解决社会问题。随着渔业监管和信息采集工作的不断完善，基于渔业权的管理有望在中国成为现实。为此，应修订《渔业法》相关条款，推动管理部门尽早采纳这一措施。

应加强滨海湿地和渔业关键栖息地保护的法律法规建设，从制度层面推进海洋生物资源养护。健康的栖息地是沿海和海洋生态系统生物资源高效产出的重要依托。中国应颁布强有力的《海洋栖息地保护法》，对海岸带和近海渔业生物的关键栖息地的保护与恢复做出法律规定。通过加强沿海和海洋栖息地的保护，鼓励对重要栖息地进行修复，着力恢复近海生态系统功能，为渔业生物保留充足的产卵场和育幼场，提高生态系统的自我调节能力以应对人类活动和气候变化的压力。要通过《海洋栖息地保护法》建立足够大的海洋和沿海保护区网络，以支持生物多样性和生态系统健康，长期维持捕捞和休闲渔业的高利润和经济效益。

7.2　研发和部署高科技监控系统，打击腐败和渔业违法行为

近十年来，卫星通讯、观测网络、人工智能和机器人等新技术

的发展日新月异，创新性和颠覆性技术不断涌现，在了解和利用海洋方面不断突破人类探索极限，对海洋开发与管理必将产生深远的影响。技术进步将开启探索海洋科学的新时代，利用卫星技术，借助高分辨率成像、合成孔径雷达（SAR）、光感测距技术（Lidar）和甲烷新型传感器，实现对海洋的更精准更深入观测。在海面，波浪动力海洋机器人观测海洋表层潜力巨大；海上无人舰队可以自动收集各种环境下的海洋数据。在海面以下，无人船正在突破海况、水深和距离的限制，未来将广泛应用于航运和科考。

中国需要促进尖端信息技术应用以加强和改善渔业监控措施，推动海洋生物资源管理的变革。中国拥有绵延的海岸线、数量庞大的渔船和水产养殖场以及各类海洋保护区和生态红线区。由于这些区域和行业分别由不同的政府部门管理，存在信息不对称、部门之间交流不畅、数据难以共享和监管漏洞等问题。先进的监控技术有助于强化海洋生物资源管理。中国在传感器、网络技术和人工智能方面的创新能力有助于建立一个更透明的监管系统，在各个机构之间甚至全球范围内运行，以促进海洋生态系统保护执法和守法经营。在国内应用这样的监控系统，可以扩大对近海渔船、水产品上岸点、水产养殖场以及沿海和海洋保护区的监控；在全球范围内应用这种监控系统，则可以使中国在帮助其他国家确保资源可持续性方面发挥示范带头作用。

除了促进合法经营，高科技监控系统还可以带来其他益处：生成大量新数据，大大提高中国对其沿海和海洋生态系统健康状况的认知；使政府能够实时处置污染事故和其他紧急情况，以保护公众健康和食品安全；帮助其他国家了解气候变化的影响，推动其与中国合作探索减缓这些影响的途径。

7.3 在生态系统框架下发展可持续的海水养殖业

目前，在中国和世界其他沿海国家，海水养殖已经成为近海生态系统的一部分。面对这一不争的事实，我们有必要以生态系统的思维来评价和管理水产养殖业。在发展海水养殖产业过程中，应始终坚持生态、社会、经济和文化协调发展，将海水养殖纳入生态系统管理以保障养殖业的可持续发展。通过对养殖水域总的生物群落、生产力状况、生态环境特征、养殖容量以及养殖对自然生态系统的影响进行综合评估，科学合理地确定养殖种类、养殖模式和养殖密度，发展基于生态系统的养殖生产新模式。从渔业管理部门的角度考虑，可以将上述评估结果与养殖许可证管理密切结合。

要推动海水养殖业的综合治理及其与各种海洋生态系统服务的协调发展，应在产业发展规划中全面体现联合国可持续发展目标（SDGs）的第14项：保护和可持续利用海洋及海洋资源以促进可持续发展。强化对水产养殖业空间、水、饲料等资源消耗的督导和管理，全方位落实提质增效目标。倡导海水养殖及相关产业链的降耗（reduce）、循环（recycle）和再利用（reuse），用科研计划引领可持续海产品生产技术研发。要重视水资源、能源和空间资源的约束性，进行单位面积和能耗、用水量的投入产出核算；要动用经济杠杆鼓励海水养殖中的循环经济，提高养殖企业参与生态系统管理的积极性和自觉性。

7.4 不断改进技术，实现水产养殖提质增效目标

7.4.1 强化质量保障，防范水产品质量安全风险

建议推广优质健康安全的水产养殖饲料。应推进相关立法，严

格禁止使用冰鲜杂鱼作为饲料原料或者直接投喂的饵料，以保护中国的鱼类资源和养殖水环境，减少养殖病害发生，提高养殖产品的食品安全性、生态安全性和国际竞争力。应建立全面的水产品质量安全管控机制，搭建水产品质量安全评价技术和风险评估技术体系，从技术、产品、标准及规范等不同层次构建中国水产品全产业链的质量与安全保障技术体系。

建议增加科技投入，加强水产食品安全管控基础研究，建立监管技术，形成水产养殖环境污染因子监控与预警技术。同时，加强水产养殖中抗生素及其他化学品违规使用情况的监测、评估与治理，加强基础性、公益性和综合性研究，包括：开展全国性水产养殖业和渔业生态环境中抗生素等污染源和污染状况"零点调查"或"基线调查"，摸清和掌握我国抗生素及其他养殖投入品的生产与使用、排放源、污染状况等，建立相应的监测、评价与预警技术体系。加强和稳定对水产养殖生态环境保障技术研发的财政支持，加强水产养殖过程中环境污染因子的系统管理，建立综合、系统和高效的管理体系与机制。

7.4.2 发展智能低碳技术，推动养殖业绿色转型

以人工智能为"大脑"的水产养殖物联网技术，利用现代物联网的智能感知、智能传输、智能信息处理技术和手段，针对集约化水产养殖场的需求建立计算机监控、决策与管理平台，帮助降低养殖风险，提高养殖管理自动化水平。以引入人工智能决策功能的水产养殖物联网为基础，建立包括水质监控、科学投喂、疾病预防、水质处理乃至物流监管等养殖管理全过程的数字化、智能化水产物联网平台，是水产养殖转型升级的重要技术途径。在国家大力推动"互联网+"，培育网络化、智能化、精细化的现代"种养加"生态农业新模式、促进农业现代化的大背景下，应加快利用智能化技术提升水

产养殖生产方式，为高密度、集约化、规模化水产养殖模式的发展注入活力。

要运用惠农资金引导养殖生产方式转型升级和低碳技术的发展，推动养殖场尾水治理和减排措施、高转化率优质饲料应用、精准投喂和减排设施与装备应用等。从节水节能、生态和谐角度出发，逐步落实养殖业水资源占用收费政策。通过示范、宣传，大力推广一批集约节约型的海水养殖模式，包括陆基工厂化循环水养殖、池塘和浅海多营养层次的综合水产养殖（IMTA）、生态型海洋牧场等。同时，国家应合理规划中长期水产养殖产业布局，大力发展低碳高效、尾水处理达标的水产养殖示范园区；加强集成示范，构建生态和经济效益优异的、具有引领作用的现代化养殖系统。针对深海网箱和养殖工船等技术密集型的工程化养殖，加强科研投入，强化关键领域及热点技术的研发。

7.5 恢复海洋生态系统功能，提高对全球变化的抵御能力

中国已采取一系列重要措施来保护沿海和海洋生态系统，包括划定生态红线控制区等。但是，还应采取更多措施来恢复丧失的栖息地，包括红树林、海草床、盐沼和潮滩以及珊瑚礁。这些重要栖息地可以提供多种生态功能，包括为各种海洋生物提供产卵场和育幼场，过滤和降解污染物，保护海岸免受侵蚀，缓解气候变化的影响等。仅仅保护现存的自然岸线和海域是不够的。为确保中国沿海和海洋生态系统能够抵御污染和气候变化的影响，并继续成为海洋经济发展和海洋食物生产的原动力，应考虑在生态科学的指导下采取大规模的修复行动，恢复丧失的近海生态系统功能和服务。

7.5.1　建立"全国海洋生态报告卡"制度

报告和报告卡之间的主要区别在于，报告卡更为简单明了；报告卡通常需要参照一定的基准或参数，对运行状况做出一定的评价或打分，就像成绩单一样。同时，报告卡也能提供关于某人或某个机构履职情况的概括总结。与普通的详细报告相比，报告卡对高层决策者和普通公众更有参考价值。

例如，美国政府和州政府在管理密西西比河流域过程中就建立了"报告卡"制度，相关资料可以参考《2020 年密西西比流域报告卡》（America's Watershed Initiative，2021）。报告卡旨在让政策制定者、行业和其他利益相关者将注意力集中在需要改进的关键领域。

中国应基于对本国沿海和海洋生态承载力的良好认识，来设定海洋捕捞、海水养殖、滨海旅游等产业的经济目标。为了夯实科学基础，中国应建立海洋综合生态评估机制，即有关全国海洋和河口区生态系统健康状况的"全国海洋生态报告卡"制度。与国家海洋局发布的《中国海洋环境状况公报》和生态环境部发布的《中国海洋生态环境状况公报》不同，该报告卡侧重于评估海洋捕捞渔业和海水养殖业对中国海洋生物资源高强度利用的累积影响以及环境污染、资源开发、旅游业和气候变化对中国沿海和海洋生态系统健康状况的影响。报告卡应评估重要生态系统功能和服务的完整性，包括水和营养物质循环以及关键栖息地，并衡量它们对气候变化和其他未来压力的抵御能力。报告卡还应就中国如何提高沿海和海洋生态系统的生态容量和自我修复能力、支持海产品生产和旅游业以及保护生物多样性提出建议。此外，报告卡应定期更新并公开发布。

7.5.2 制订国家行动计划，恢复海洋生态系统功能和服务

与大多数国家一样，中国的海洋、海岸和河口区往往由不同的行政部门所管辖，部门之间的沟通与协调是一个关键问题。为此，中国应考虑制订一项类似"切萨皮克湾计划"（见第 6.2.2 节）的综合管理计划来协调不同部门的海洋保护工作。该项计划将推进部门之间的分工协作和步调一致，共同维护健全的生态系统服务和功能，并优化中国的长远经济利益。建议该计划由农业农村部、生态环境部、自然资源部以及沿海省、市各级管理部门参与。该计划也将为各种治理行动提供指导方针，如设定捕捞配额、对海水养殖进行分区管理、利用生态红线保护栖息地、修复沿海和海洋栖息地、控制污染以及通过海洋空间规划划分功能区等。鉴于渤海作为中国内海的特殊地理、经济和社会地位，建议首先以渤海作为恢复海洋生态系统国家行动计划的试点海区。

7.5.3 评估和缓解气候变化对海洋生物资源的影响

气候变化已经对世界各地的海洋生物资源产生了各种各样的重大影响，且随着时间的推移，这些影响可能会变得更加严重。中国可以推动更多研究来评估气候变化对本国捕捞渔业、海水养殖和这些行业所依赖的自然生态系统服务的影响，以帮助解决这一问题。同时，还需要评估气候变化如何影响整个亚太地区和全球渔业和粮食生产。在评估气候变化的同时，应考虑海水变暖、海洋酸化以及天气、营养物质和水循环变化的潜在影响。

除了评估气候变化影响外，中国可能还需要考虑减缓气候变化的影响，或制定有效适应气候变化的对策。中国科学家可以考虑如何与地方政府合作，共同开展渔业活动的监督与管理；捕捞业如何

在物种迁徙的情况下保持盈利能力，如何培育更多耐高温或耐低 pH 值的海水养殖新品种以及如何制定或加强国际鱼类资源共享协定。

总之，中国应通过多措并举来促进海洋渔业可持续生产和生物多样性保护，以提高海洋生态系统对资源开发、环境污染和气候变化的抵御能力。

7.6　建立海上丝绸之路国家伙伴网络，促进可持续海洋治理

地球上只有一个海洋，我们都受到其生态系统健康的影响。"21 世纪海上丝绸之路"倡议为中国展示其在全球海洋治理方面的领导力，推进联合国可持续发展目标提供了历史性机遇。在共建"21 世纪海上丝绸之路"倡议下，中国应考虑与亚洲、非洲和欧洲国家建立一个伙伴关系网络，以鼓励相互学习，促进共同行动，营造健康海洋环境，促进可持续海洋治理。

中国在海洋生态治理方面发挥示范带头作用很重要。许多发展中国家在管理海洋生物资源方面面临着与中国相似的挑战，但它们通常缺乏中国的科学技术、治理能力和财政资源。因此，这些国家的海洋资源普遍缺乏管理且面临着更大的威胁。中国可以通过促进信息共享及帮助伙伴国家建立教育、科学和技术能力，促进海上丝绸之路沿线国家的可持续发展。与海上丝绸之路沿线国家合作的主要议题可包括：持续地管理海洋资源，促进经济发展，改善弱势群体的粮食安全，打击非法捕捞以及在渔业社区和供应链中强化女性的地位和能力。

中国还可以利用共建"21 世纪海上丝绸之路"倡议，促进建立减缓气候变化对海洋生物资源影响的区域性和全球性治理措施，从而

继续展示其领导力。在亚洲和非洲，气候变化可能导致野生鱼类跨境迁徙，也会改变海洋环境，这些可能会改变海水养殖和捕捞渔业的生产能力，进而影响各国的渔业生产，所以气候变化可能加剧各国之间的冲突。共建"21世纪海上丝绸之路"倡议可以为该地区提供领导和制度平台，让各国协作开发急需的、减缓气候变化对海洋生态系统影响的应对措施。

7.7　落实 2030 可持续发展目标，实现渔业可持续发展

中国应履行承诺，继续严格执行联合国 2030 可持续发展目标的国别方案。针对可持续海洋和沿海生态系统管理和保护问题，中国应实施基于生态系统的海洋综合管理，加大重要典型生态系统的保护，科学划定海洋生态保护红线，健全完善海洋保护区网络体系。建设国家海洋环境实时在线监控体系，探索和改进海洋生态补偿及赔偿机制。

针对有效规范捕捞活动的问题，中国应提升渔业资源的养护与管理能力，执行科学的渔业资源管理计划，严格控制捕捞强度，继续实施休渔制度，可持续利用现有渔业资源。

针对现存不合理的渔业补贴问题，中国已经出台了"十三五"海洋渔船控制目标和政策措施，修订了《渔业捕捞许可管理规定》。与此同时，中国还应保持对"三无渔船"的打击力度，并逐步降低燃油补贴，重点支持减船转产、渔港维护改造、池塘标准化改造等，并积极参加世界贸易组织的渔业补贴谈判。

针对小岛屿和最不发达国家可持续利用海洋资源的问题，中国应通过"一带一路"合作向最不发达国家和小岛屿国家提供水产养殖

技术支持，包括推广养殖节能减排、循环水养殖技术等，推动可持续渔业管理和旅游方面的"南南合作"。

7.8　持续推进渔业领域的性别平等

目前，全球大约有 5 950 万人（全职、兼职或偶尔）从事捕捞渔业（3 900 万人）和水产养殖业（2 050 万人），其中女性占总数的 14%，包括在水产养殖业中占 19%，在捕捞渔业中占 12%（FAO，2020）。尽管女性在渔业生产中发挥着至关重要的作用，但世界许多国家的女性仍面临着机会不平等、就业人数很少和收入较低等问题。

越来越多的证据表明，性别平等不仅有助于实现社会正义和公平的基本人类原则，而且可以增加家庭收入、提高生产力和改善营养安全（Hillenbrand et al.，2015）。解决性别不平等问题是全球可持续发展的一个关键组成部分，因此联合国可持续发展目标第 5 项（SDG5）侧重于解决这一问题。中国的水产养殖场和水产品加工厂雇用的女性临时工较多，因而对缩小性别差距做出了一定的贡献。但是，女性劳动者的工资往往较低，就业机会也比男性少很多，男女不平等现象仍然存在。因此，中国非常需要重新认识女性在海洋生物资源管理中承担的角色，并以此为基础建立性别平等相关的政策措施，以真正推进性别平等。有必要进一步研究性别差异问题，以改善女性在渔业和水产养殖业方面的教育及其社会经济地位与责任。

参考文献

财政部，农业部．关于调整国内渔业捕捞和养殖业油价补贴政策促进渔业
  持续健康发展的通知：财建［2015］499 号．（2015－06－25）．http：//jjs.
  mof. gov. cn/zhengwuxinxi/zhengcefagui/201507/t20150709_1272152. html.

陈智兵，陈文，2006. 多宝鱼事件引起的反思. 海洋与渔业（12）：10.

杜建国，叶观琼，陈彬，等，2014. 中国海域海洋生物的营养级指数变化特征.
  生物多样性，22(4)：532-539.

凤凰网，2018. http：//news. ifeng. com/a/20181108/60150230_0. shtml. Accessed
  on 8 August，2019.

傅秀梅，王亚楠，邵长伦，等，2009. 中国红树林资源状况及其药用研究调查Ⅱ.
  资源现状，保护与管理. 中国海洋大学学报（自然科学版），39（4）：
  705-711.

国合会课题组，2013. 中国海洋可持续发展的生态环境问题与政策研究. 北京：
  中国环境出版社：493.

国家海洋局，2011—2018. 中国海洋环境状况公报（2010—2017）.

国家海洋局，2018a. 2017 年中国海洋经济统计公报.［2018－01－16］. http：//
  www. cme. gov. cn//node/434. jspx.

国家海洋局，2018b. 国家海洋督察组向江苏反馈围填海专项督察情况.［2018-
  01-16］. http：//www. soa. gov. cn/xw/hyyw_90/201801/t20180114_59954. html.

国家林业和草原局，2014. 2013 中国林业统计年鉴. 北京：中国林业出版社.

国家林业和草原局，2018. 2017 中国林业统计年鉴. 北京：中国林业出版社.

国务院扶贫开发领导小组办公室，2020.［2020－12－25］. http：//www.
  cpad. gov. cn/.

韩杨，2018. 1949 年以来中国海洋渔业资源治理与政策调整. 中国农村经济
  （9）：14-28.

何跃军，陈淋淋，2020. 认知滞后与制度滞后：海洋生态补偿的双重滞后与改进.
海峡法学，22(1)：37-46.

侯景新，冯小妹，2010. 海洋渔业资源可持续利用的经济管理. 山东经济，159
(4)：48-54.

黄硕琳，唐议，2019. 渔业管理理论与中国实践的回顾与展望. 水产学报，43
(1)：211-231.

黄宗国，2008. 中国海洋生物种类与分布(增订版). 北京：海洋出版社：1191.

黄宗国，林茂，2012. 中国海洋物种多样性(上、下册). 北京：海洋出版社.

贾明明，2014. 1973—2013 年中国红树林动态变化遥感分析. 中国科学院研究
生院(东北地理与农业生态研究所).

贾晓平，陈家长，陈海刚，等，2017. 水产养殖环境评估与治//唐启升，等. 环
境友好型水产养殖发展战略：新思路、新任务、新途径[M]. 北京：科学出
版社：268-310.

科学网，2019. 浒苔又来了!. ［2019-08-08］. http：//news. sciencenet. cn/sbht-
mlnews/2019/6/347132. shtm？id=347132.

刘洪滨，孙丽，齐俊婷，等，2007. 中韩两国海洋渔业管理政策的比较研究. 太
平洋学报(12)：69-77.

刘慧，黄小平，王元磊，等，2016. 渤海曹妃甸新发现的海草床及其生态特征.
生态学杂志，35(7)：1677-1683.

刘慧，孙龙启，王建坤，等，2017. 环境友好型水产养殖现状、问题与应对建
议//唐启升，等，环境友好型水产养殖发展战略：新思路、新任务、新途
径[M]. 北京：科学出版社：14-34.

刘慧，蒋增杰，于良巨，等，2021. 海水养殖空间管理. 北京：科学出版社.

罗洁霞，许世卫，2017. 中国居民蛋白质摄入量状况分析. 农业展望，10：
71-76.

罗敏，2019. 2015 年中国海岸带盐沼遥感监测与生态服务价值评估. 杭州：浙
江大学.

卢秀容，2005. 中国海洋渔业资源可持续利用和有效管理研究. 武汉：华中农

业大学.

麦康森，2020. 中国水产动物营养研究与饲料工业的发展历程与展望. 饲料工业，41（1）：2-6.

农业农村部，2017. 国家级海洋牧场示范区建设规划（2017—2025 年）. ［2020-12-26］. http：//www. moa. gov. cn/nybgb/2017/201711/201802/t20180201_6136235. htm.

农业部，环境保护部，2015. 2015 年中国渔业生态环境状况公报. ［2020-07-26］. https：//www. cafs. ac. cn/info/1387/24114. htm.

农业农村部，生态环境部，2018. 2018 年中国渔业生态环境状况公报. ［2020-07-26］. https：//www. cafs. ac. cn/info/1387/33583. htm.

农业农村部，2018. 2017 年我国水产品进出口贸易再创新高　预计 2018 全年贸易顺差将收窄. ［2020-07-26］. http：//www. moa. gov. cn/xw/bmdt/201803/t20180314_6138388. htm.

农业农村部，2019. 食品动物禁止使用的药物及其他化合物清单（征求意见稿）. ［2020-12-26］. http：//www. moa. gov. cn/xw/bmdt/201909/t20190903_6327159. htm.

农业农村部渔业局. （1949—2020 年）中国渔业统计年鉴. 北京：农业出版社.

农业农村部渔业局，2020. "十三五"渔业亮点连载 丨 转型升级步伐加快 渔业高质量发展取得实效. ［2020-12-26］. http：//www. moa. gov. cn/xw/bmdt/202012/t20201208_6357773. htm.

全国水产技术推广总站，2020. 中国休闲渔业发展监测报告（2020）. ［2020-12-30］. https：//mp. weixin. qq. com/s/3YAOdBeixvOfOQ6xA-2KkQ.

任爱景，杨正勇，戴亚娟，等，2012. 我国水产品需求预测研究. 上海海洋大学学报，21（1）：145-150.

生态环境部，2019. 2018 年中国海洋生态环境状况公报. http：//www. mee. gov. cn/hjzl/shj/jagb/.

生态环境部，2020. 生态环境部公布 2019 年全国生态环境质量简况. ［2021-01-03］. http：//www. mee. gov. cn/xxgk2018/xxgk/xxgk15/202005/t20200507_

777895. html.

隋昕融，詹夏菲，樊佳伟，2017. 我国水产品消费市场预测分析. 现代农业科技，21：293-295.

孙琛，王威巍，梁鸽峰，2017. 中国水产品市场供求平衡分析. 中国渔业经济，35(2)：4-11.

唐启升，2012. 中国区域海洋学——渔业海洋学. 北京：海洋出版社：450..

唐启升，2013. 中国养殖业可持续发展战略研究——水产养殖卷. 北京：农业出版社：408.

唐启升，2017. 环境友好型水产养殖发展战略：新思路、新任务、新途径. 北京：科学出版社：460.

唐启升，2019. 渔业资源增殖、海洋牧场、增殖渔业及其发展定位. 中国水产(5)：28-29.

唐议，邹伟红，2010. 中国渔业资源养护与管理的法律制度评析. 资源科学，32(1)：28-34.

王毅杰，俞慎，2013. 三大沿海城市群滨海湿地的陆源人类活动影响模式. 生态学报，33(3)：998-1010.

徐东霞，章光新，2007. 人类活动对中国滨海湿地的影响及其保护对策. 湿地科学，5(3)：282-288.

杨红生，2016. 我国海洋牧场建设回顾与展望. 水产学报，40(7)：1133-1140.

杨红生，2017. 海岸带生态农牧场新模式构建设想与途径——以黄河三角洲为例. 中国科学院院刊，32(10)：1111-1117.

杨红生，章守宇，张秀梅，等，2019. 中国现代化海洋牧场建设的战略思考. 水产学报，43(4)：1255-1262.

杨正勇，2005. 海洋渔业资源管理中 ITQ 制度交易成本研究. 上海：复旦大学.

于仁成，张清春，孔凡洲，等，2017. 长江口及其邻近海域有害藻华的发生情况、危害效应与演变趋势. 海洋与湖沼，48(6)：1178-1186.

岳冬冬，王鲁民，纪炜炜，等，2017. 郑亮基于协整理论和 VAR 模型的中国农村居民人均纯收入与水产品消费关系研究. 渔业信息与战略，32(3)：

161-167.

曾江宁, 2019. 可持续发展视野下的海洋保护区建设理论研究. 中国自然资源报, 2019-04-25(3).

张秋华, 程家骅, 徐汉祥, 等, 2007. 东海区渔业资源及其可持续利用. 上海: 复旦大学出版社.

张瑛, 赵露, 2018. 中国对美国水产品出口边际影响因素的实证研究[J]。南京大学学报(哲学・人文科学・社会科学), 55(6): 54-66.

浙江省海洋与渔业局, 2018.《中国渔业报》专访黄志平局长: "浙江试点"完成预定目标. [2020-02-19]. http://www.oceanol.com/zhuanti/201808/14/c80057.html.

浙江政务网, 2014. 水产养殖禁用药物名录. [2019-08-08]. http://tazlh.zjzwfw.gov.cn/art/2014/5/30/art_40304_24148.html.

郑凤英, 邱广龙, 范航清, 等, 2013. 中国海草的多样性、分布及保护. 生物多样性, 21(5): 517-526.

中国科学技术协会, 中国水产学会, 2020. 2018—2019水产学学科发展报告. 北京: 中国科学技术出版社.

中华人民共和国生态环境部, 2012. 2011年中国近岸海域环境质量公报[R].

中华人民共和国生态环境部, 2013. 2012年中国近岸海域环境质量公报[R].

中华人民共和国生态环境部, 2014. 2013年中国近岸海域环境质量公报[R].

中华人民共和国生态环境部, 2015. 2014年中国近岸海域环境质量公报[R].

中华人民共和国生态环境部, 2016. 2015年中国近岸海域环境质量公报[R].

中华人民共和国生态环境部, 2017. 2016年中国近岸海域环境质量公报[R].

中华人民共和国生态环境部, 2018. 2017年中国近岸海域生态环境质量公报[R].

中华人民共和国生态环境部, 2019. 2018年中国海洋生态环境状况公报[R].

中华人民共和国环境保护部, 2012-2017. 2011—2016年中国近岸海域环境质量公报.

中华人民共和国生态环境部, 2018. 2017年中国近岸海域生态环境质量公报.

中华人民共和国生态环境部, 2019. 2018 年中国海洋生态环境状况公报.

中华人民共和国自然资源部海洋预警监测司, 2015-2020. 2014—2019 年中国海洋灾害公报.

中华人民共和国外交部, 2017. China's progress report on implementation of the 2030 Agenda for Sustainable Development. Retrieved from https：//www. fmprc. gov. cn/web/ziliao _ 674904/zt _ 674979/dnzt _ 674981/qtzt/2030kcxfzyc _ 686343/P020170824650025885740. pdf.

周云轩, 田波, 黄颖, 等, 2016. 我国海岸带湿地生态系统退化成因及其对策. 中国科学院院刊, 31(10)：1157-1166.

朱坚真, 师银燕, 2009. 北部湾渔民转产转业的政策分析. 太平洋学报(8)：77-82.

自然资源部, 2020. 2019 年中国海洋经济统计公报. [2020-07-26]. http：// gi. mnr. gov. cn/202005/t20200509_2511614. html.

ABBOTT J K, LLOYD-SMITH P, WILLARD D, et al., 2018. Status-quo management of marine recreational fisheries undermines angler welfare. Proceedings of the National Academy of Sciences, 115(36)：8948-8953. DOI：10. 1073/pnas. 1809549115.

AGAR J J, STEPHEN J A, STRELCHECK A, et al., 2014. The Gulf of Mexico red snapper IFQ program：The first five years. Marine Resource Economics, 29(2)：177-198. DOI：10. 1086/676825.

AGAR J J , STEPHEN J A, STRELCHECK A, et al., 2014. The Gulf of Mexico red snapper IFQ program：The first five years. Marine Resource Economics, 29(2)：177-198.

AGRICULTURE, AGRI-FOOD CANADA (AAFC), 2017. Sector trend analysis：fish and seafood trends in China. Global analysis report, prepared by Mengchao Chen. Ottawa, ON. Canada. Retrieved from http：//www. agr. gc. ca/resources/ prod/Internet-Internet/MISB-DGSIM/ATS-SEA/PDF/6869-eng. pdf.

AMERICA'S WATERSHED INITIATIVE, 2021. The 2020 Mississippi River

Watershed Report Card. Retrieved from: https://americaswatershed.org/report-card/CBP, 1983. The Chesapeake Bay Agreement of 1983. [2021-07-20]. https://www.chesapeakebay.net/documents/1983_CB_Agreement2.pdf.

AN S, LI H, GUAN B, et al., 2007. China's natural wetlands: past problems, current status, and future challenges. Ambio, 34: 335-342.

ARIAS-ORTIZ A, SERRANO O, MASQUÉ P, et al., 2018. A marine heatwave drives massive losses from the world's largest seagrass carbon stocks. Nature Climate Change, 8, 338. DOI: 10.1038/s41558-018-0096-y.

ARNOLD S N, STENECK R S, MUMBY P J, 2010. Running the gauntlet: inhibitory effects of algal turfs on the processes of coral recruitment. Marine Ecology Progress Series, 414: 91-105. DOI: 10.3354/meps08724.

BAKUN A, 1990. Coastal ocean upwelling. Science, 247: 198-201. DOI: 10.1126/science.247.4939.198.

BAKUN A, 2017. Climate change and ocean deoxygenation within intensified surface-driven upwelling circulations. Philosophical Transactions of the Royal Society A: Mathematical, Physical and Engineering Sciences, 375, 2016.0327. DOI: 10.1098/rsta.2016.0327.

BERKELEY S A, HIXON M A, LARSON R J, et al., 2011. Fisheries sustainability via protection of age and spatial distribution of fish populations. Fisheries, 29(8): 23-32. DOI: 10.1577/1548-8446(2004)29[23: FSVPOA]2.0.CO; 2.

BLOMEYER R, SANZ A, STOBBERUP K, et al., 2012. The role of China in world fisheries. Directorate-General for Internal Policies, Policy Department B: Structural and Cohesion Policies-Fisheries. For the European Parliament's Committee on Fisheries. Brussels.

BOENISH R, WILLARD D, KRITZER J P, et al., 2020. Fisheries monitoring: perspectives from the United States. Aquaculture and Fisheries, 5: 131-138.

BRIGGS J C, 1974. Marine zoogeography. New York: McGraw-Hill.

BRITISH SEA FISHING, 2019. The Mackerel War. British Sea Fishing. Retrieved

from https：//britishseafishing. co. uk/the－mackerel－wars/#：~：text＝The%
20Mackerel%20War%20is%20an，Islands%20which%20began%20in%202010.

BURDEN M, KLEISNER K, LANDMAN J, et al., 2017. Climate-related impacts on
fisheries management and governance in the North East Atlantic. Workshop
report. Retrieved from https：//www. edf. org/sites/default/files/documents/cli-
mate-impacts-fisheries-NE-Atlantic_0. pdf.

BURGESS M, MCDERMOTT G, OWASHI B, et al., 2018. Protecting marine mam-
mals, turtles, and birds by rebuilding global fisheries. Science, 359 (6381)：
1255-1258. DOI：10. 1126/science. aao4248.

CAO L, CHEN Y, DONG S, et al., 2017. Opportunity for marine fisheries reform in
China. Proceedings of the National Academy of Sciences, 114 (3)：435 - 442.
DOI：10. 1073/pnas. 1616583114.

CAO L, NAYLOR R, HENRIKSSON P, et al., 2015. China's aquaculture and the
world's wild fisheries. Science, 347：133-135.

CAO W, HONG H, YUE S, et al., 2003. Nutrient loss from an agricultural catchment
and landscape modeling in southeast China. Bulletin of Environmental
Contamination and Toxicology, 71(4)：761-767.

CAO W, WONG M, 2007. "Current status of coastal zone issues and management in
China：A review. " Environment International, 33(7)：985-992.

CARUGATI L, GATTO B, RASTELLI E, et al., 2018. Impact of mangrove forests
degradation on biodiversity and ecosystem functioning. Scientific Reports, 8. DOI：
10. 1038/s41598-018-31683-0.

CASTEÑEDA A, MAAZ J, REQUEÑA N, et al., 2011. Managed access in Be-
lize. Proceedings of the 64th Gulf and Caribbean Fisheries Institute. Puerto Mo-
relos, Mexico.

CBP. The 1987 Chesapeake Bay Agreement, December 15, 1987. Retrieved from
https：//www. chesapeakebay. net/content/publications/cbp_12510. pdf.

CBP. Chesapeake 2020. June 28, 2000. Retrieved from https：//www.

chesapeakebay. net/content/publications/cbp_12081. pdf.

CBP. Population growth. Chesapeake Bay Program. Retrieved January 23, 2012. from https: //www. chesapeakebay. net/issues/population_growth.

CBP, 2019. Chesapeake Bay Watershed Agreement. Retrieved from https: // www. chesapeakebay. net/what/what_guides_us/watershed_agreement.

CHEN Z, QIU Y, XU S, 2011. Changes in trophic flows and ecosystem properties of the Beibu Gulf ecosystem before and after the collapse of fish stocks. Ocean & Coastal Management, 54(8): 601-611.

CHESAPEAKE BAY FOUNDATION, 2018. State of the bay 2019 [Report]. Retrieved from https: //www. cbf. org/about-the-bay/state-of-the-bay-report/.

CHEUNG W W L, JONES M C, LAM V W Y, et al., 2017. Transform high seas management to build climate resilience in marine seafood supply. Fish and Fisheries, 18: 254-263. DOI: 10. 1111/faf. 12177.

CHOI F, GOUHIER T, LIMA F, et al., 2019. Mapping physiology: biophysical mechanisms define scales of climate change impacts. Conservation Physiology, 7. DOI: 10. 1093/conphys/coz028.

CHOPIN T, BUSCHMANN A H, HALLING C, et al., 2001. Integrating seaweeds intomarine aquaculture systems: A key toward sustainability. Journal of Phycology, 37: 975-986. DOI: 10. 1046/j. 1529-8817. 2001. 01137. x.

CHRISTENSEN V, 1996. Managing fisheries involving predator and prey species. Reviews in Fish Biology and Fisheries, 6: 417-442. Retrieved from https: // link. springer. com/article/10. 1007/BF00164324.

CLARK C W, 2006. Fisheries economics: why is it so widely misunderstood? Population Ecology, 48: 95-98. .

CLAVELLE T, LESTER S E, GENTRY R, et al., 2019. Interactions and management for the future of marine aquaculture and capture fisheries. Fish and Fisheries, 20: 368-388. DOI: 10. 1111/faf. 12351.

COSTELLO C, GAINES S D, LYNHAM J, 2008. Can catch shares prevent fisheries collapse? Science, 321(5896): 1678-1681. DOI: 10.1126/science.1159478.

COSTELLO C, OVANDO D, CLAVELLE T, et al., 2016. Global fishery prospects under contrasting management regimes. Proceedings of the National Academy of Sciences, 113(18): 5125-5129. DOI: 10.1073/pnas.1520420113.

COSTELLO C, OVANDO D, HILBORN R, et al., 2012. Status and solutions for the world's unassessed fisheries. Science, 338(6106): 517-520.

CRAIK W, 1992. The Great Barrier Reef Marine Park: Its establishment, development, and current status. Marine Pollution Bulletin, 25(5-8): 122-133. DOI: 10.1016/0025-326X(92)90215-R.

DAVIDSON K, GOWEN R J, HARRISON P J, et al., 2014. Anthropogenic nutrients and harmful algae in coastal waters. Journal of Environmental Management, 146: 206-216. DOI: 10.1016/j.jenvman.2014.07.002.

DE GROOT R, BRANDER L, PLOEG S V, et al., 2012. Global estimates of the value of ecosystems and their services in monetary units. Ecosystem Services, 1 (1): 50-61. DOI: 10.1016/j.ecoser.2012.07.005.

DE SILVA S, SOTO D, 2009. Climate change and aquaculture: Potential impacts, adaptation and mitigation. In K. Cochrane, C. De Young, D. Soto, T. Bahri (Eds.), Climate change implications for fisheries and aquaculture: overview of current scientific knowledge (FAO Fisheries and Aquaculture Technical Paper No. 530). Food and Agriculture Organization of the United Nations.

DIANA J S, 2009. Aquaculture production and biodiversity conservation. BioScience, 59(1): 27-38. DOI: 10.1525/bio.2009.59.1.7.

DIAZ R J, ROSENBERG R, 2008. Spreading dead zones and consequences for marine ecosystems. Science, 321: 926-929. DOI: 10.1126/science.1156401.

DRUMM A, ECHEVERRIA J, ALMENDAREZ M, 2011. Sustainable Finance Strategy and Plan for the Belize Protected Area System. Retrieved from http://protectedareas.gov.bz/download/392/.

DUARTE B, MARTINS I, ROSA R, et al., 2018. Climate change impacts on seagrass meadows and macroalgal forests: An integrative perspective on acclimation and adaptation potential. Frontiers in Marine Science, 5 (190): 1–23. DOI: 10. 3389/fmars. 2018. 00190.

DUARTE C M, WU J, XIAO X, et al., 2017. Can seaweed farming play a role in climate change mitigation and adaptation. Frontiers in Marine Science, 4. DOI: 10. 3389/fmars. 2017. 00100.

ECONOMIC IMPACTS (n. d.). Chesapeake Bay Today. Retrieved fromhttps://sites. google. com/a/cornell. edu/chesapeake-bay-today/economic-impacts.

ENDEAN R, 1982. Crown-of-thorns starfish on the great barrier reef. Endeavour, 6 (1): 10–14. DOI: 10. 1016/0160-9327(82)90004-7.

ENG C T, PAW J N, GUARIN F Y, 1989. The environmental impact of aquaculture and the effects of pollution on coastal aquaculture development in Southeast Asia. Marine Pollution Bulletin, 20(7): 335–343. DOI: 10. 1016/0025–326X (89)90157–4.

EVANS L S, BAN N C, SCHOON M, et al., 2014. Keeping the 'great' in the Great Barrier Reef: Large-scale governance of the Great Barrier Reef Marine Park. International Journal of the Commons, 8(2): 396. DOI: 10. 18352/ijc. 405.

FABINYI M, LIU N, 2014. The Chinese policy and governance context for global fisheries. Ocean and Coastal Management, 96: 198–202.

FAO, 2014. The state of world fisheries and aquaculture 2012. (p. 223). Rome.

FAO, 2016. The state of world fisheries and aquaculture 2014. (p. 200). Rome.

FAO. 2018. The State of World Fisheries and Aquaculture 2018: Meeting the Sustainable Development Goals. FAO, Rome.

FAO, 2019. FAO yearbook. Fishery and Aquaculture Statistics 2017/FAO annuaire. Statistiques des pêches et de l'aquaculture 2017/FAO anuario. Estadísticas de pesca y acuicultura 2017. 108.

FAO, 2020. The state of world fisheries and aquaculture 2020. Rome. DOI: 10. 4060/ca9229en.

FAO, IFAD, UNICEF, WFP, WHO, 2020. In Brief to The State of Food Security and Nutrition in the World 2020. Transforming food systems for affordable healthy diets. Rome: FAO. DOI: 10. 4060/ca9699en.

FERNANDES L, DAY J, LEWIS A, et al., 2005. Establishing representative no-take areas in the Great Barrier Reef: Large-scale implementation of theory on marine protected areas. Conservation Biology, 19(6): 1733-1744. DOI: 10. 1111/j. 1523-1739. 2005. 00302. x.

FIGGATT M, HYDE J, DZIEWULSKI D, et al., 2017. Harmful algal bloom-associated illnesses in humans and dogs identified through a pilot surveillance system - New York, 2015. MMWR. Morbidity and Mortality Weekly Report, 66: 1182-1184. DOI: 10. 15585/mmwr. mm6643a5.

FINAL RULE TRACEABILITY, 2018. Retrieved July 12, 2019 from https://www. iuufishing. noaa. gov/RecommendationsandActions/RECOMMENDA-TION1415/FinalRuleTraceability. aspx.

FOLEY J R, 2012. Managed access: moving towards collaborative fisheries sustainability in Belize. Proceedings of the 12th International Coral Reef Symposium. Cairns, Australia.

FROEHLICH H E, GENTRY R R, HALPERN B S, 2018. Global change in marine aquaculture production potential under climate change. Nat Ecol Evol 2: 1745-1750. DOI: 10. 1038/s41559-018-0669-1.

FROEHLICH H E, AFFLERBACH J C, FRAZIER M, et al., 2019. Blue growth potential to mitigate climate change through seaweed offsetting. Current Biology, 29: 3087-3093. e3. DOI: 10. 1016/j. cub. 2019. 07. 041.

FUJITA R, et al., 2019. Assessing and managing small-scale fisheries in Belize. In S. Salas, M. Barragán-Paladines and R. Chuenpagdee (Eds.), Viability and Sustainability of Small-Scale Fisheries in Latin America and The Caribbean. MARE Publication Series, 19. Springer, Cham.

FUJITA R, EPSTEIN L, BATTISTA W, et al., 2017. Scaling territorial use rights in fisheries (TURFs) in Belize. Bulletin of Marine Science, 93(1): 137–153.

GAINES S D, COSTELLO C, OWASHI B, et al., 2018. Improved fisheries management could offset many negative effects of climate change. Science Advances, 4(8): 8.

GAO Y, FU J, ZENG L, et al., 2014. Occurrence and fate of perfluoroalkyl substances in marine sediments from the Chinese Bohai Sea, Yellow Sea, and East China Sea. Environmental Pollution, 194: 60–68.

GARCIA S M, KOLDING J, RICE J, et al., 2012. Reconsidering the consequences of selective fisheries. Science, 335: 1045–1047.

GENTRY R R, FROEHLICH H E, GRIMM D, et al., 2017. Mapping the global potential for marine aquaculture. Nature Ecology & Evolution, 1: 1317 – 1324. DOI: 10.1038/s41559-017-0257-9.

GERSHMAN D, WONDOLLECK J, YAFEE S, 2012. Great Barrier Reef marine park. Marine Ecosystem-Based Management in Practice. Retrieved from http://webservices.itcs.umich.edu/drupal/mebm/? q=node/56.

GILMAN E L, ELLISON J, DUKE N C, et al., 2008. Threats to mangroves from climate change and adaptation options: A review. Aquatic Botany, 89: 237–250. DOI: 10.1016/j.aquabot.2007.12.009.

GODFREY M, 2018. China's seafood imports surged in 2017, while its export growth continues to slow. SeafoodSource. Retrieved from https://www.seafood source.com/news/supply-trade/chinas-seafood-imports-surged-in-2017-while-its-export-growth-continued-to-slow.

GOLDEN C D, ALLISON E H, CHEUNG W W, et al., 2016. Nutrition: Fall in fish catch threatens human health. Nature, 534(7607): 317–320. DOI: 10.1038/534317a.

GOVERNMENT ACCOUNTABILITY OFFICE (GAO), 2016. Additional actions could advance efforts to incorporate climate information into management decisions (Report No. GAO-16-827). US Government Accountability Office.

GRANÉLI E, TURNER J T, 2006. Ecology of harmful algae: 15 tables. Ecological

Studies. Springer, Berlin.

Great Barrier Reef Marine Park Zoning Plan 2003. 2003. Retrieved from http://www.gbrmpa.gov.au/__data/assets/pdf_file/0015/3390/GBRMPA - zoning - plan-2003.pdf.

GRECH A, PRESSEY R L, DAY J C, 2015. Coal, cumulative impacts, and the Great Barrier Reef. Conservation Letters, 9 (3): 200 - 207. DOI: 10.1111/conl.12208.

GRIEVE B D, HARE J A, SABA V S, 2017. Projecting the effects of climate change on Calanus finmarchicus distribution within the U.S. Northeast Continental Shelf. Scientific Reports, 7: 6264.

GRIFFIN J, 2019. Why tiny Belize is a world leader in protecting the ocean. The Guardian. Retrieved from https://www.theguardian.com/environment/2019/aug/14/why-tiny-belize-is-a-world-leader-in-ocean-protection.

GULF WILD, 2019. Retrieved July 12, 2019 fromhttps://gulfwild.com/faqs.php.

GUTIERREZ M, DANIELS A, JOBBINS G, et al., 2020. China's distant - water fishing fleet: Scale, impact, and governance. ODI, London.

HALL O, HOLBY O, KOLLBERG S, et al., 1992. Chemical fluxes and mass balances in a marine fish cage farm. IV. Nitrogen. Marine Ecology Progress Series, 89(1): 81-91.

HALL S J, HILBORN R, ANDREW N L, et al., 2013. Innovations in capture fisheries are an imperative for nutrition security in the developing world. Proceedings of the National Academy of Sciences, 110 (21): 8393 - 8398. DOI: 10.1073/pnas.1208067110.

HALPERN B S, WALBRIDGE S, SELKOE K A, et al., 2008. A global map of human impact on marine ecosystems. Science, 319: 948-952.

HE P, XU S, ZHANG H, et al., 2008. Bioremediation efficiency in the removal of dissolved inorganic nutrients by the red seaweed, Porphyra yezoensis, cultivated in the open sea. Water Research, 42: 1281 - 1289. DOI: 10.1016/j.watres.

2007. 09. 023.

HE Q, BERTNESS M D, BRUNO J F, et al., 2014. Economic development and coastal ecosystem change in China. Scientific Reports, 4(1): 5995.

HENLEY J, 2019. Iceland accused of putting mackerel stocks at risk by increasing its catch. The Guardian. Retrieved from https: //www. theguardian. com/environment/2019/nov/21/iceland-accused-of-putting-mackerel-stocks-at-risk-by-increasing-its-catch.

HILLENBRAND E, KARIM N, MOHANRAJ P, et al., 2015. Measuring gender-transformative change: a review of literature and promising practices. CARE USA. Working Paper.

HSIEH C, YAMAUHI A, NAKAZAWA T, et al., 2009. Fishing effects on age and spatial structures undermine population stability of fishes. Aquatic Sciences, 72: 165-178. Retrieved from https: //link. springer. com/article/10. 1007%2Fs00027-009-0122-2.

HUANG S, HE Y, 2019. Management of China's capture fisheries: Review and prospect. Aquaculture and Fisheries, 4: 173-82.

HUGHES T P, HUANG H U I, YOUNG M A L, 2013. The wicked problem of China's disappearing coral reefs. Conservation Biology, 27(2): 261-69.

HUGHES T P, ANDERSON K D, CONNOLLY S R, et al., 2018. Spatial and temporal patterns of mass bleaching of corals in the Anthropocene. Science, 359: 80-83.

HUTCHINGS J A, REYNOLDS J D, 2004. Marine fish population collapses: Consequences for recovery and extinction risk. BioScience, 54(4): 297-309. DOI: 10. 1641/0006-3568(2004)054[0297: MFPCCF]2. 0. CO; 2.

IGULU M M, NAGELKERKEN I, DORENBOSCH M, et al., 2014. Mangrove habitat use by juvenile reef fish: Meta-analysis reveals that tidal regime matters more than biogeographic region. PLoS ONE, 9, e114715. DOI: 10. 1371/journal. pone. 0114715.

JENSEN F, FROST H, THØGERSEN T, et al., 2015. Game theory and fish wars:

The case of the Northeast Atlantic mackerel fishery. Fisheries Research, 172: 7–16. DOI: 10.1016/j.fishres.2015.06.022.

JOHNSON C L, RUNGE J A, CURTIS K A, et al., 2011. Biodiversity and ecosystem function in the Gulf of Maine: Pattern and role of zooplankton and pelagic nekton. PLoS ONE, 6, e16491. DOI: 10.1371/journal.pone.0016491.

JORDÀ G, MARBÀ N, DUARTE C M, 2012. Mediterranean seagrass vulnerable to regional climate warming. Nature Climate Change, 2: 821–824. Retrieved from https://imedea.uib−csic.es/master/cambioglobal/Modulo _ III _ cod101608/tema% 204 − temperatura/arti% CC% 81culos% 20tema% 204/Jord% C3% A0% 20et%20al%202012%20(Nature%20Climate%20Change). pdf.

KENCHINGTON R, DAY J, 2011. Zoning, a fundamental cornerstone of effective marine spatial planning: Lessons learnt from the Great Barrier Reef, Australia. Journal of Coastal Conservation, 15(2): 271–278. DOI: 10.1007/S11852−011−0147−2.

KNOL M, 2010. Scientific advice in integrated ocean management: The process towards the Barents Sea plan. Marine Policy, 34(2): 252–260. DOI: 10.1016/j.marpol.2009.07.009.

KRITZER J P, 2020. Influences of at-sea fishery monitoring on science, management, and fleet dynamics. Aquaculture and Fisheries, 5: 107–112.

LAVOIE D, DENMAN K L, MACDONALD R W, 2010. Effects of future climate change on primary productivity and export fluxes in the Beaufort Sea. Journal of Geophysical Research, 115. DOI: 10.1029/2009JC005493.

LESTER S E, STEVENS J M, GENTRY R R, et al., 2018. Marine spatial planning makes room for offshore aquaculture in crowded coastal waters. Nature Communications, 9(1). DOI: 10.1038/s41467−018−03249−1.

LIANG C, XIAN W, PAULY D, 2018. Impacts of ocean warming on China's fisheries catches: An application of "mean temperature of the catch" concept. Frontiers in Marine Science, 5: 1–7. DOI: 10.3389/fmars.2018.00026.

LIN B, BOENISH R, KRITZER J P, 2021. Reproductive dynamics of a swimming crab (Monomia haanii) in the world's crab basket. Fisheries Research, 236. DOI: 10. 1016/j. fishres. 2020. 105828.

LIU D, KEESING J K, HE P, et al., 2013. The world's largest macroalgal bloom in the Yellow Sea, China: Formation and implications. Estuarine, Coastal and Shelf Science, 129: 2-10.

LIU G, 2014. Food losses and food waste in China: A first estimate. OECD Food, Agriculture and Fisheries Papers (p. 66). OECD Publishing.

LIU H, 2016. National aquaculture law and policy: China. In N. Bankes, I. Dahl and D. L. VanderZwaag (Eds.), Aquaculture Law and Policy – Global, Regional and National Perspectives. (pp. 238-265). Northampton, MA: Edward Elgar Publishing.

LIU H, SU J L, 2017. Vulnerability of China's nearshore ecosystems under intensive mariculture development. Environmental Science and Pollution Research, 24: 8957-8966.

LIU J Y, 2013. Status of marine biodiversity of the China seas. PloS ONE, 8(1), e50719-e19.

LIU L, WANG H, YUE Q, 2020. China's coastal wetlands: Ecological challenges, restoration, and management suggestions. Regional Studies in Marine Science, 37: 101337.

LIU R, CUI Y, XU F, et al., 1983. "Ecology of macrobenthos of the East China Sea and adjacent waters." Paper presented at the Proceeding of International Symposium on the Sedimentation on the Continental Shelf, with special reference to the East China Sea. Beijing: China Ocean Press.

LIU X, WANG Y, COSTANZA R, et al., 2019. The value of China's coastal wetlands and seawalls for storm protection. Ecosystem Services, 36: 100905.

LIU Z, CUI B, HE Q, 2016. Shifting paradigms in coastal restoration: Six decades' lessons from China. Science of The Total Environment, 566-567: 205-214.

LOWMAN D M, FISHER R, HOLLIDAY M C, et al., 2013. Fisheries monitoring roadmap: A guide to evaluate, design and implement an effective fishery monitoring program that incorporates electronic monitoring and electronic reporting tools. Environmental Defense Fund. Retrieved from https://www.edf.org/sites/default/files/FisheryMonitoringRoadmap_FINAL.pdf.

MA Z, MELVILLE D S, LIU J, et al., 2014. Rethinking China's new great wall. Science, 346(6212): 912-914.

MALLORY T G, 2013. China's distant water fishing industry: Evolving policies and implications. Marine Policy, 38: 99-108.

MARINE STEWARDSHIP COUNCIL, 2016. Mackerel wins back its certified sustainable status [Press release]. Retrieved from https://www.msc.org/media-centre/press-releases/mackerel-wins-back-its-certified-sustainable-status.

MARTINEZ V A, CASTAÑEDA A, GONGORA M, et al., 2018. Managed access: A rights-based approach to managing small scale fisheries in Belize. Tenure and user rights in fisheries 2018. Achieving sustainable development goals by 2030 [PowerPoint slides]. Retrieved from http://www.fao.org/3/CA2430EN/ca2430en.pdf.

MCDONALD G, CARCAMO R, FUJITA R, et al., 2014. A multi-indicator framework for adaptive management of data-limited fisheries with a case study from Belize. Proceedings of the 67th Gulf and Caribbean Fisheries Institute.

MCELDERRY H, 2013. Electronic monitoring in the shore-side hake fishery 2004-2010. PFMC EM Workshop Agenda (Item B.1).

MCFIELD M, KRAMER P, ALVAREZ FILIP L, et al., 2018. Report card for the Mesoamerican Reef. Healthy Reefs Initiative. Retrieved from http://www.healthyreefs.org.

MCKENZIE J, 2019. Will GOB comply with Belize network of NGOs and pass new fisheries bill. Love News. Retrieved from http://lovefm.com/business-companies-organizations/will-gob-comply-with-belize-network-of-ngos-andpass-new-fisheries-bill/.

MINISTRY OF FINANCE, MINISTRY OF AGRICULTURE, 2015. Notice about ad-
justing domestic fisheries and aquaculture fuel subsidy policy in order to promote
sustainable and healthy fisheries development (Document 2015 No. 499).
Retrieved from http: //jjs. mof. gov. cn/zhengwuxinxi/zhengcefagui/201507/
t20150709_1272152. html.

MINISTRY OF FOREIGN AFFAIRS OF THE PEOPLE'S REPUBLIC OF CHINA
(MFA) , 2017. China's progress report on implementation of the 2030 Agenda for
Sustainable Development. Retrieved from https: //www. fmprc. gov. cn/web/
ziliao _ 674904/zt _ 674979/dnzt _ 674981/qtzt/2030kcxfzyc _ 686343/P02017
0824650025885740. pdf.

MORRISON S, 2016. Major fish tale: Red snapper in the Gulf of Mexico. Natural
Resources Environment, 31(1): 13-17.

MOUSTAHFID H, 2017. Current actions, identified solutions and opportunities in
addressing the effects of climate change on fisheries and aquaculture [Conference
presentation]. United Nations ICP-18 Meeting, May 15-19: 2017.

MURDIYARSO D, PURBOPUSPITO J, KAUFFMAN J B, et al., 2015. The potential
of Indonesian mangrove forests for global climate change mitigation. Nature Climate
Change, 5: 1089-1092. DOI: 10. 1038/nclimate2734.

MURRAY A G, PEELER E J, 2005. A framework for understanding the potential for
emerging diseases in aquaculture. Preventive Veterinary Medicine, 67 (2 - 3):
223-235. DOI: 10. 1016/j. prevetmed. 2004. 10. 012.

NEORI A, CHOPIN T, TROELL M, et al., 2004. Integrated aquaculture: rationale,
evolution, and state of the artemphasizing seaweed biofiltration in modern maricul-
ture. Aquaculture, 231(1-4): 361-391. DOI: 10. 1016/j. aquaculture. 2003.
11. 015.

NIKOLEK G, DE JONG B, PAN C, 2018. China's changing tides: shifting consump-
tion and trade position of Chinese seafood. Rabobank RaboResearch. Retrieved

from https: //research. rabobank. com/far/en/sectors/animal - protein/chinas _ changing_tides. html.

NIU Z G, GONG P, CHENG X, et al., 2009. Geographical characteristics of China's wetlands derived from remotely sensed data. Science in China Series D - Earth Sciences, 52(6): 723-738.

NOAA FISHERIES, 2013. History of management of Gulf of Mexico red snapper. NOAA Fisheries. Retrieved August 24, 2019 from https: //www. fisheries. noaa. gov/history-management-gulf-mexico-red-snapper.

NOAA FISHERIES, 2017. Commercial fisheries annual landings index. NOAA Fisheries. Retrieved August 24, 2019 from https: //foss. nmfs. noaa. gov/apexfoss/f? p=215: 200: 9135774540998.

NOAA FISHERIES, 2018. Gulf of Mexico reef fish historical amendments and rulemaking (1983-2017). NOAA Fisheries. Retrieved July 8, 2019 from https: // www. fisheries. noaa. gov/action/gulf-mexico-reef-fish-historical-amendments-and-rulemaking-1983-2017.

OECD-FAO, 2017. OECD-FAO Agricultural Outlook 2017-2026. OECD, Food and Agriculture Organization of the United Nations. pp 144.

OLSEN E, GJØSÆTER H, RØTTINGEN I, et al., 2007. The Norwegian ecosystem-based management plan for the Barents Sea. ICES. Journal of Marine Science, 64 (4): 599-602. DOI: 10. 1093/icesjms/fsm005.

ORGANISATION FOR ECONOMIC CO-OPERATION AND DEVELOPMENT, FOOD AND AGRICULTURAL ORGANIZATION (OECD-FAO), 2017. OECD-FAO Agricultural Outlook, OECD Agriculture statistics (database). Retrieved from http: //www. economyworld. net: 9091/economyworld/detail/init? infoId = 319094.

OTTERSEN G, OLSEN E, VAN DER MEEREN G I, et al., 2011. The Norwegian plan for integrated ecosystem-based management of the marine environment in the Norwegian Sea. Marine Policy, 35 (3): 389 - 398. DOI: 10. 1016/j. marpol.

2010. 10. 017.

PANG S J, LIU F, SHAN T F, et al., 2010. Tracking the algal origin of the Ulva bloom in the Yellow Sea by a combination of molecular, morphological and physiological analyses. Marine Environmental Research, 69(4): 207-215.

PAULSON INSTITUTE, 2016. Blueprint of coastal wetland conservation and management in China. Paulson Institute. Retrieved from https://www.paulsoninstitute.org/conservation/wetlands-conservation/blueprint-of-coastal-wetland-conservation-and-management-in-china/.

PAULY D, BELHABIB D, BLOMEYER R, et al. 2014. China's distant-water fisheries in the 21st century. Fish and Fisheries 15: 474-488.

PAULY D, CHRISTENSEN V, DALSGAARD J, et al., 1998. Fishing down marine food webs. Science, 279 (5352): 860-863. Retrieved from https://science.sciencemag.org/content/279/5352/860.full.

PAULY D, PALOMARES M L, 2005. Fishing down marine food web: It is far more pervasive than we thought. Bulletin of Marine Science, 76 (2): 197-212. Retrieved from https://www.ingentaconnect.com/content/umrsmas/bullmar/2005/00000076/00000002/art00003.

PAULY D, ZELLER D, 2015. Sea Around Us. Retrieved from http://seaaroundus.org.

PERRY C T, ALVAREZ-FILIP L, GRAHAM N A J, et al., 2018. Loss of coral reef growth capacity to track future increases in sea level. Nature, 558: 396-400. DOI: 10.1038/s41586-018-0194-z.

PETTERSEN E, 2015. Integrated marine management: Norway's methodology and experience [PowerPoint slides]. Norwegian Environmental Agency. Retrieved from http://www.varam.gov.lv/in_site/tools/download.php?file=files/text/Finansu_instrumenti/EEZ_2009_2014/7_10_2015_semin_pr/2_Integrated_Marine_Management_Plans_Eirik_Drablos_Pettersen.pdf.

PHOENIX NEWS MEDIA (凤凰网), 2018. Retrieved August 8, 2019 from http://

news. ifeng. com/a/20181108/60150230_0. shtml.

PINSKY M L, WORM B, FOGARTY M J, et al., 2013. Marine taxa track local climate velocities. Science, 341: 1239-1242. DOI: 10. 1126/science. 1239352.

POWERS S P, ANSON K, 2016. Estimating recreational effort in the Gulf of Mexico red snapper fishery using boat ramp cameras: Reduction in federal season length does not proportionally reduce catch. North American Journal of Fisheries Management, 36(5): 1156-1166. DOI: 10. 1080/02755947. 2016. 1198284.

PURCELL S, POMEROY R, 2015. Driving small-scale fisheries in developing countries. Frontiers in Marine Science, 2(44). DOI: 10. 3389/fmars. 2015. 00044.

QI Z H, SHI R J, YU Z H, et al., 2019. Nutrient release from fish cage aquaculture and mitigation strategies in Daya Bay, southern China. Marine Pollution Bulletin, 146: 399-407.

QIU J N, 2011. China faces up to "terrible" state of its ecosystems. Nature, 471 (7336): 19.

RICE J, GISLASON H, 1996. Patterns of change in the size spectrum of numbers and diversity of the North Sea fish assemblage, as reflected in surveys and models. ICES Journal of Marine Science, 53: 1214-1225.

ROHEIM C, 2004. Trade liberalization in fish products: Impacts on sustainability of international markets and fish resources. In A. Aksoy and J. Beghin (Eds.), Global Agricultural Trade and Developing Countries. The World Bank.

ROXY M K, MODI A, MURTUGUDDE R, et al., 2016. A reduction in marine primary productivity driven by rapid warming over the tropical Indian Ocean. Geophysical Research Letters, 43: 826-833. DOI: 10. 1002/2015GL066979.

SCHIVE P, 2018. Ecosystem approach-Norwegian marine integrated management plans [PowerPoint slides]. Norwegian Ministry of Climate and Environment.

SCHRAM F R, 2010. Checklist of marine biota of china seas. Journal of Crustacean Biology, 30(2): 339-339.

SHEN G, HEINO M, 2014. An overview of marine fisheries management in China.

Marine Policy, 44: 265-272. DOI: 10. 1016/j. marpol. 2013. 09. 012.

SILVA S S D, SOTO D, 2014. Climate change and aquaculture: potential impacts, adaptation and mitigation. (FAO Technical Documents No. 1-81).

SOUTH ATLANTIC FISH MANAGEMENT COUNCIL (SAFMC), 2019. Fishery Ecosystem Plan. Retrieved from https: //safmc. net/habitat-and-ecosystems/fishery-ecosystem-plan/.

SOUTHEAST DATA, ASSESSMENT, AND REVIEW (SEDAR), 2013. SEDAR 31 Gulf of Mexico red snapper stock assessment report. Retrieved from http: //sedarweb. org/docs/sar/SEDAR%2031%20SAR-%20Gulf%20Red%20Snapper_sizereduced. pdf.

SRINIVASAN U T, WATSON R, SUMAILA R, 2012. Global fisheries losses at the exclusive economic zone level, 1950 to present. Marine Policy, 36: 544-549.

STAPLES K W, CHEN Y, TOWNSEND D W, et al., 2019. Spatiotemporal variability in the phenology of the initial intra-annual molt of American lobster (Homarus americanus Milne Edwards, 1837) and its relationship with bottom temperatures in a changing Gulf of Maine. Fisheries Oceanography, 28 (4): 268-485. DOI: 10. 1111/fog. 12425.

STENECK R S, ARNOLD S N, BOENISH R, et al., 2019. Managing recovery resilience in coral reefs against climate-induced bleaching and hurricanes: A 15 year case study from Bonaire, Dutch Caribbean. Frontiers in Marine Science, 6. DOI: 10. 3389/fmars. 2019. 00265.

SUN C, ZHONG K, GE R, et al., 2016. Landscape pattern changes of coastal wetland in Nansha District of Guangzhou City in recent 20 years. In Bian, F. and Xie, Y. (Eds.), Geo-Informatics in Resource Management and Sustainable Ecosystem, 408-416. Berlin, Heidelberg: Springer Berlin Heidelberg.

SUN Q W, LIU H, SHANG W T, et al., 2020. Spatial planning of aquaculture in Sanggou Bay and surrounding sea areas. Submitted manuscript.

SUN X, WU M Q, XING Q G, et al., 2018. Spatio-temporal patterns of Ulva prolifera blooms and the corresponding influence on chlorophyll-a concentration in the southern Yellow Sea, China. Science of the Total Environment, 640 - 641, 807-820.

SUN Z G, SUN W G, TONG C, et al., 2015. China's coastal wetlands: Conservation history, implementation efforts, existing issues and strategies for future improvement. Environment International, 79: 25-41.

SU S, TANG Y, CHANG B, et al., 2020. Evolution of marine fisheries management in China from 1949 to 2019: How did China get here and where does China go next? Fish and Fisheries, 21: 435-452.

SZUWALSKI C S, BURGESS M G, COSTELLO C, et al., 2017. High fishery catches through trophic cascades in China. Proceedings of the National Academy of Sciences, 114(4): 717-721. DOI: 10.1073/pnas.1612722114.

TANG D, DI B, WEI G, et al., 2006. Spatial, seasonal and species variations of harmful algal blooms in the South Yellow Sea and East China Sea. Hydrobiologia 568: 245-253. DOI: 10.1007/s10750-006-0108-1.

THE GREAT BARRIER REEF MARINE PARK AUTHORITY, 2002. Technical information sheet #5: Representative areas program background and history. Retrieved from http://www.gbrmpa.gov.au/_ _ data/assets/pdf _ file/0010/6211/tech _ sheet_05.pdf.

THE SAN PEDRO SUN, 2017. 2017 - 2018 Queen conch fishing quota is set. Retrieved from https://www.sanpedrosun.com/business-and-economy/2017/11/04/2017-2018-queen-conch-fishing-quota-set/.

TIAN B, WU W, YANG Z, et al., 2016. Drivers, trends, and potential impacts of long-term coastal reclamation in China from 1985 to 2010. Estuarine, Coastal and Shelf Science, 170: 83-90.

UNITED STATES AGENCY FOR INTERNATIONAL DEVELOPMENT (USAID), 2018. USAID Oceans and Fisheries Partnership fact sheet. Retrieved from https://www.usaid.gov/asia-regional/fact-sheets/usaid-oceans-and-fisheriespartnership.

UNITED STATES DRUG ADMINISTRATION NATURAL RESORUCES CONSERVA-
TION SERVICE (USDA NRCS), 2008. Chesapeake Bay Watershed Program
[Map]. Retrieved from https：//www. nrcs. usda. gov/Internet/FSE_MEDIA/
stelprdb1046486. png.

UNITED STATES NATIONAL OCEANIC AND ATMOSPHERIC ADMINISTRATION
(NOAA) (n. d.). History of management of Gulf of Mexico red snapper. Re-
trieved from https：//www. fisheries. noaa. gov/history-management-gulf-mexico-
red-snapper.

UNITED STATES NATIONAL OCEANIC AND ATMOSPHERIC ADMINISTRATION
(NOAA), 2017. Status of stocks 2017：Annual report to Congress on the status of
US fisheries. Washington, DC.

UNITED STATES NATIONAL OCEANIC AND ATMOSPHERIC ADMINISTRATION
(NOAA) (n. d.). History of management of Gulf of Mexico red snapper. Re-
trieved from https：//www. fisheries. noaa. gov/history-management-gulf-mexico-
red-snapper.

VAN HELMOND A T M, MORTENSEN L O, PLET-HANSEN K S, et al., 2019.
Electronic monitoring in fisheries：Lessons from global experiences and future op-
portunities. Fish and Fisheries, 21(1)：162-189. DOI：10. 1111/faf. 12425.

VAN WIJK S J, TAYLOR M I, CREER S, et al., 2013. Experimental harvesting of
fish populations drives genetically based shifts in body size andmaturation.
Frontiers in Ecology and the Environment, 11(4). DOI：https：//doi. org/
10. 1890/120229.

WADEA E, SPALDING A K, BIEDENWEG K, 2019. Integrating property rights into
fisheries management：The case of Belize's journey to managed access. Marine
Policy, (108).

WANG W, LIU H, LI Y Q, et al., 2014. Development and management of land rec-
lamation in China. Ocean and Coastal Management, 102：415-425.

WANG Y, YAO Y, JU M, 2008. Wise Use of Wetlands: Current State of Protection and Utilization of Chinese Wetlands and Recommendations for Improvement. Environmental Management 41(6): 793–808.

WATERS J R, 2001. Quota management in the commercial red snapper fishery. Marine Resource Economics, 16 (1): 65 – 78. DOI: 10.1086/mre.16.1. 42629314.

WAYCOTT M, DUARTE C M, CARRUTHERS T J B, et al., 2009. Accelerating loss of seagrasses across the globe threatens coastal ecosystems. Proceedings of the National Academy of Sciences of the United States of America, 106 (30): 12377–12381. DOI: 10.1073/pnas.0905620106.

WERNER K, TAYLOR M, DIEKMANN R, et al., 2019. Evidence for limited adaptive responsiveness to large-scale spatial variation of habitat quality. Marine Ecology Progress Series, 629: 179–191. DOI: 10.3354/meps13120.

WILLISON J H M, CÔTÉ R P, 2009. Counting biodiversity waste in industrial eco-efficiency: Fisheries case study. Journal of Cleaner Production, 17(3): 348–353. DOI: 10.1016/j.jclepro.2008.08.003.

WINTHER J, 2018. Identifying particularly valuable and vulnerable areas [PowerPoint slides]. Centre for the Ocean and the Arctic & Norwegian Polar Institute.

WOLANSKI E, CHOUKROUN S, NHAN N H, 2020. Island building and overfishing in the Spratly Islands archipelago are predicted to decrease larval flow and impact the whole system. Estuarine, Coastal and Shelf Science, 233. DOI: 10.1016/j.ecss.2019.106545.

WORLD BANK, DATA BANK, 2018. Population growth (annual %), China [Data file]. Retrieved from https://data.worldbank.org/indicator/SP.POP.GROW.

WORLD BANK, FOOD AND AGRICULTURE ORGANIZATION OF THE UNITED NATIONS, 2009. The sunken billions: The economic justification for fisheries reform. Washington, DC: World Bank.

WORLD BANK, FOOD AND AGRICULTURE ORGANIZATION AND WORLDFISH CENTER (WB/FAO/WFC), 2012. Hidden harvest: The global contribution of capture fisheries (Report No. 66469-GLB). Washington, DC: World Bank.

WORM B, HILBORN R, BAUM J, et al., 2009. Rebuilding global fisheries. Science, 325(5940): 578-585.

XU D, ZHANG G, 2007. Impact of Human Activities on Coastal Wetlands in China. Wetland Science, 5(3): 282-288.

XU S J, XU Y H, HUANG Y L, et al., 2012. Women's roles in the construction of new fishing villages in China, as shown from surveys in Zhejiang Province. Asian Fisheries Science, 25S: 229-236.

XU Y, ZHANG T, ZHOU J, 2019. Historical Occurrence of Algal Blooms in the Northern Beibu Gulf of China and Implications for Future Trends. Front. Microbiol. 10: 451. DOI: 10.3389/fmicb.2019.00451.

XUAN J L, HE Y Q, ZHOU F, et al., 2019. Aquaculture-induced boundary circulation and its impact on coastal frontal circulation. Environmental Research Communications, 1, 051001.

YANG S L, 1995. Coastal salt marshes and mangrove swamps in China. Chinese Journal of Oceanology and Limnology, 13(4): 318-324.

ZHAI W D, 2018. Exploring seasonal acidification in the Yellow Sea. Science China Earth Sciences, 61. DOI: 10.1007/s11430-017-9151-4.

ZHAI W D, ZHAO H D, SU J L, et al., 2019. Emergence of Summertime Hypoxia and Concurrent Carbonate Mineral Suppression in the Central Bohai Sea, China. Journal of Geophysical Research: Biogeosciences, 124: 2768-2785.

ZHANG H, WU F, 2017. China's marine fishery and global ocean governance. Global Policy, 8: 216-226.

ZHANG H Z, 2015. China's fishing industry: current status, government policies, and future prospects. China as a "Maritime Power" Conference. CNA Analysis & Solutions. Arlington, Virginia, USA. Retrieved from https://www.cna.org/

cna_files/pdf/China-Fishing-Industry. pdf.

ZHANG W, LIU M, SADOVY DE MITHCHESON Y, et al., 2019. Fishing for feed in China: Facts, impacts, and implications. Fish and Fisheries. DOI: 10. 1111/ faf. 12414.

ZHENG Q, ZHANG R, WANG Y, et al., 2012. Distribution of antibiotics in the Beibu Gulf, China: Impacts of river discharge and aquaculture activities. Marine Environmental Research, 78: 26-33.

ZUO P, ZHAO S, LIU C, et al., 2012. Distribution of Spartina spp. along China's coast. Ecological Engineering, 40: 160-166.

致　谢

我们谨对中华人民共和国生态环境部中国环境与发展国际合作委员会(CCICED)召集并支持"全球海洋治理与生态文明"专题政策研究表示特别感谢。感谢苏纪兰院士、Jan-Gunnar Winther 博士、Arthur Hansen 博士和刘世锦博士提出的宝贵建议，极大地完善了本书内容。同时，在此特别感谢CCICED 的李永红先生、张慧勇先生、姚颖女士、李盼文女士和费成博女士以及自然资源部第二海洋研究所的王敏芳女士，你们的不懈努力和鼎力支持保证了本项目的成功开展。

最后，还要感谢联合国环境署的 Lisa Svensson 博士、世界经济论坛的 Nishan Degranian 先生、厦门大学的戴民汉院士、生态环境部国家海洋环境监测中心的王菊英博士、中国科学院海洋研究所的孙松博士、生态环境部华南环境科学研究所的韩宝新博士和挪威极地研究所的 Birgit Njåstad 博士，感谢你们对本项目工作的宝贵支持。